直前30日で9割とれる 伊藤和修の共通テスト生物基礎

駿台予備学校講師
伊藤和修

＊本書には「赤色チェックシート」がついています。

はじめに

みなさん，こんにちは。

みなさんに**「30日で9割」とれる実力を養ってもらうために本気で本書を執筆しました**。キャッチフレーズではありません，**本気です**！

共通テスト「生物基礎」では，出題される項目が決まっています。可能なかぎり共通テストで必要な知識に絞って本書を執筆しました。あれもこれもと詰めこんだ参考書ではありません。**このコンパクトさ，薄さの中にも，必要な知識はちゃんと詰めこまれています**。また，満点にこだわりすぎると学習量が膨大になってしまいます。「30日で9割」というのはとてもよいバランスなんです。

• 具体例を見てみましょう！

> **問**　サバンナでみられる樹木として最も適当なものを，次の①～⑥のうちから一つ選べ。
>
> **①ガジュマル**　**②スダジイ**　**③シラビソ**
>
> **④ヒルギ**　**⑤アカシア**　**⑥ブ　ナ**

正解は，⑤のアカシアです。「え，アカシア？」と思った方もいることでしょう。無理もありません。アカシアが掲載されていない教科書がありますからね。しかし，それ以外の選択肢は教科書に載っているので，消去法で解答することができます。

このような問題を見たときに「アカシアも覚えなきゃいけないのか……」となってしまったら，勉強時間がいくらあっても足りません。**この問題は消去法で解けばよい問題**なんですね。

本書は「**本当に理解して覚えておかないといけない項目**」だけを収録してあります。問題の解説については，「**知っておくべき知識**」と「**正しい解法**」に絞って無駄のないものにしてあります。これによって，みなさんの**学習効率は大幅にUPし，たった30日で9割という目標が達成可能**となるのです。

そして，この薄さですが，**計算問題や考察問題もちゃんと掲載しています。**共通テストには，煩雑な計算問題や考察問題は出題されません。計算問題については，教科書に掲載されている計算公式を納得して使うことができればOK。読解問題や考察問題についても，論理的にコツコツと読み進めていけば十分に正解できる問題ばかりです。安心してとり組んでください！

> 日常生活や社会との関連を考慮し，科学的な事物・現象に関する基本的な概念や原理・法則などの理解と，**それらを活用して科学的に探究を進める過程についての理解**などを重視する。問題の作成に当たっては，**身近な課題等について科学的に探究する問題**や，得られた**データを整理する過程などにおいて数学的な手法を用いる問題**などを含めて検討する。 （大学入試センター問題作成部会の見解より）

知識を詰め込んだら何とかなるような錯覚をもたれがちな『生物基礎』ですが，**理解していない知識，応用できない知識では高得点が取れないような試験をつくる**という宣言です。

本書を用いて，しっかりとしたイメージをもって『生物基礎』の内容を理解していただければ，共通テスト９割……そして，限りなく満点に近づけることも可能になります。怪しげなテクニックなどではなく，内容は極めて真面目です。みなさんを最短ルートで高得点に導くことができるはずです。

前身の「センター試験対策」から「共通テスト対策」として改訂するにあたり，思考力が要求される問題で使える**質の高い知識が身につくような解説**をより一層心がけてリニューアルし，**質の高い訓練ができるような問題**を追加しました。

伊藤　和修（ひとむ）

本書の特長と使い方

本書は，共通テスト「生物基礎」で９割以上の得点をとるため（だけ）に作られました。最も効率的に，必要な知識だけを過不足なく身につけることに特化しています。最大限に活用して，志望校合格を勝ち取ってください！

各テーマでは，最初にポイントを図示しています。大事なところをビジュアルでしっかりおさえておきましょう。

重要な公式やルールは，強調してあります。きちんとマスターして，使いこなせるようにしましょう。

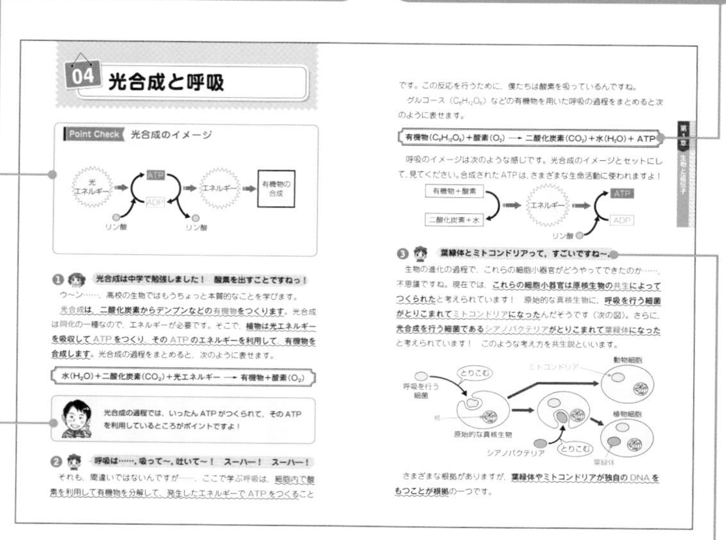

04 光合成と呼吸

Point Check 光合成のイメージ

❶ 光合成は中学で勉強しました！　酸素を出すことですねっ！

ウ〜ン……，高校の生物ではもうちょっと本質的なことを学びます。

光合成は，二酸化炭素からデンプンなどの有機物をつくります。光合成は同化の一種なので，エネルギーが必要です。そこで，植物は光エネルギーを吸収してATPをつくり，そのATPのエネルギーを利用して，有機物を合成します。光合成の過程をまとめると，次のように表せます。

水(H_2O)＋二酸化炭素(CO_2)＋光エネルギー ⟶ 有機物＋酸素(O_2)

光合成の過程では，いったんATPがつくられて，そのATPを利用しているところがポイントですよ！

❷ 呼吸は……，吸って〜，吐いて〜！　スーハー！　スーハー！

それも，間違いではないんですが……，ここで学ぶ呼吸は，細胞内で酸素を利用して有機物を分解して，発生したエネルギーでATPをつくることです。この反応を行うために，僕たちは酸素を吸っているんですね。

グルコース$(C_6H_{12}O_6)$などの有機物を用いた呼吸の過程をまとめると次のように表せます。

有機物$(C_6H_{12}O_6)$＋酸素(O_2) ⟶ 二酸化炭素(CO_2)＋水(H_2O)＋ATP

呼吸のイメージは次のような感じです。光合成のイメージとセットにして，見てください。合成されたATPは，さまざまな生命活動に使われますよ！

❸ 葉緑体とミトコンドリアって，すごいですね〜。

生物の進化の過程で，これらの細胞小器官がどうやってできたのか……，不思議ですね。現在では，これらの細胞小器官は原核生物の共生によってつくられたと考えられています！　原始的な真核生物に，呼吸を行う細菌がとりこまれてミトコンドリアになったんだそうです（次の図）。さらに，光合成を行う細菌であるシアノバクテリアがとりこまれて葉緑体になったと考えられています！　このような考え方を共生説といいます。

さまざまな根拠がありますが，葉緑体やミトコンドリアが独自のDNAをもつことが根拠の一つです。

大切な豆知識を，伊藤先生があらためてコメントしてくれます。暗記の助けになるので，よく読んでおきましょう。

男女２人の生徒キャラが，みなさんのかわりに質問してくれます。それを解説する形で，伊藤先生の講義のように本文が進みます。

共通テストで**頻出の 29 テーマ＋実験問題対策の 3 題**を，3 章にまとめました。これさえマスターすればいいのです。1 日 1 テーマずつ着実に進めてもいいですし，1 週間で 1 章分をまとめて学習するのもいいでしょう。

学んだ内容は【練習問題】で確認します。センター試験や共通テストの過去問や試行調査の問題を使っています（一部，現行課程にあわせた著者のオリジナル問題もあります）。最初は解けない問題があっても，解説を読んでくり返しチャレンジすることで，きっと解けるようになります。焦らず継続しましょう。共通テストでは，過去問の類似問題が出ることも多くあります。ここでのがんばりは，必ず本番につながりますよ。

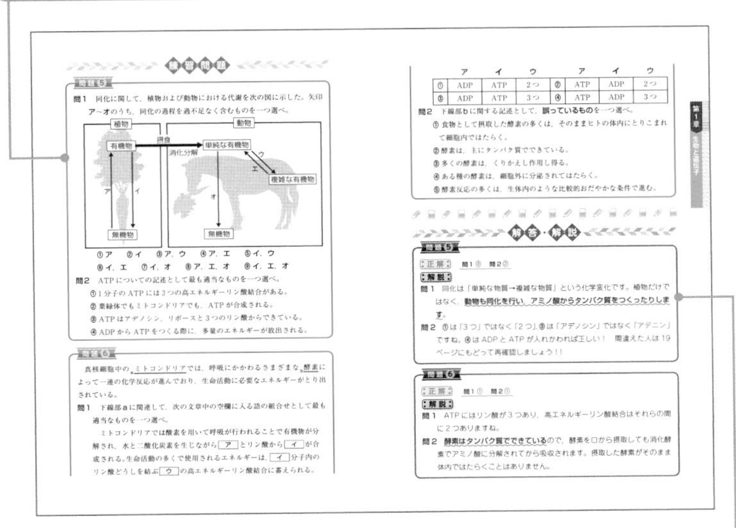

練習問題

問題 5

問1　同化に関して，植物および動物における代謝を次の図に示した。矢印ア～オのうち，同化の過程を過不足なく含むものを一つ選べ。

①ア　②イ　③ア，ウ　④ア，エ　⑤イ，ウ
⑥イ，エ　⑦イ，オ　⑧ア，エ，オ　⑨イ，エ，オ

問2　ATP についての記述として最も適当なものを一つ選べ。

① 1 分子の ATP には 3 つの高エネルギーリン酸結合がある。
② 葉緑体でもミトコンドリアでも，ATP が合成される。
③ ATP はアデノシン，リボースと 3 つのリン酸からできている。
④ ADP から ATP をつくる際に，多量のエネルギーが放出される。

問題 6

真核細胞中の$_a$ミトコンドリアでは，呼吸にかかわるさまざまな$_b$酵素によって一連の化学反応が進んでおり，生命活動に必要なエネルギーがとり出されている。

問1　下線部 a に関連して，次の文章中の空欄に入る語の組合せとして最も適当なものを一つ選べ。

ミトコンドリアでは酸素を用いて呼吸が行われることで有機物が分解され，水と二酸化炭素を生じながら［ア］とリン酸から［イ］が合成される。生命活動の多くで使用されるエネルギーは，［イ］分子内のリン酸どうしを結ぶ［ウ］の高エネルギーリン酸結合に蓄えられる。

	ア	イ	ウ		ア	イ	ウ
①	ADP	ATP	2 つ	②	ATP	ADP	2 つ
③	ADP	ATP	3 つ	④	ATP	ADP	3 つ

問2　下線部 b に関する記述として，**誤っているもの**を一つ選べ。

① 食物として摂取した酵素の多くは，そのままヒトの体内にとりこまれて細胞内ではたらく。
② 酵素は，主にタンパク質でできている。
③ 多くの酵素は，くりかえし作用し得る。
④ ある種の酵素は，細胞外に分泌されてはたらく。
⑤ 酵素反応の多くは，生体内のような比較的おだやかな条件で進む。

第1章

解答・解説

問題 5

正解　問1 ③　問2 ②

解説

問1　同化は「単純な物質→複雑な物質」という化学変化です。植物だけではなく，**動物も同化を行い，アミノ酸からタンパク質をつくったりします。**

問2　①は「3 つ」ではなく「2 つ」，③は「アデノシン」ではなく「アデニン」ですね。④は ADP と ATP が入れかわれば正しい！　間違えた人は 19 ページにもどって再確認しましょう！！

問題 6

正解　問1 ①　問2 ①

解説

問1　ATP にはリン酸が 3 つあり，高エネルギーリン酸結合はそれらの間に 2 つありますね。

問2　**酵素はタンパク質でできている**ので，酵素を口から摂取しても消化酵素でアミノ酸に分解されてから吸収されます。摂取した酵素がそのまま体内ではたらくことはありません。

シンプルかつわかりやすい解説。間違えた問題は，講義のページに戻って，復習しておきましょう。

目次 CONTENTS

本文デザイン：ワーク・ワンダース／イラスト：たはら ひとえ

第1章

生物と遺伝子

前半は『生物の特徴』です。さまざまな現象について「多くの生物が共通してもつもの」なのか,「一部の生物に特有のもの」なのかを意識しながら整理しましょう。『代謝』では細部にこだわらず,「全体として何が起きているのか?」を押さえることがポイントです。
後半は『遺伝子とそのはたらき』です。遺伝情報の発現や分配については,映像としてイメージできるように学習しましょう。この分野は計算問題が頻出なので,コツコツと計算練習をして力をつけておけば万全です!

01 生物の多様性と共通性

Point Check 生物は共通の祖先から進化した！

生物の共通性

- 細胞を基本単位とする。
- 代謝を行う。
- DNA をもつ。
- 刺激に対して反応する。
- 恒常性をもつ。
- 進化する。
- ATP を使う。

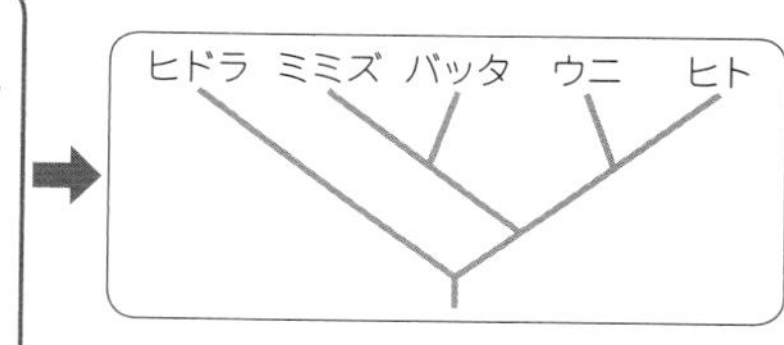

系統樹は進化の過程を図で表したもの！

❶ **地球上には，さまざまな生物がいるんですね。**

現在，**名前がつけられている生物種が約 190 万種**！　未知の生物もイッパイいるので，実際には数千万種がいると考えられています。

❷ **そもそも「種」って何ですか？**

同じ「種」に属する生物は，形態的（⬅どんな形をしているか）にも生理的（⬅どんな性質をもつか）にも，共通の特徴をもっています。そして，同じ「種」に属する生物どうしでは，生殖によって代々子孫を残し続けることが可能です。つまり，**子孫を残せる場合は同じ「種」，残せなければ別の「種」**という原則に基づいて「種」が定義されています。

❸ **いろいろな生物がいるけど……**

生物のもつ共通性に着目して，生物をグループ分けすることを分類といいます。

例：脊椎（⬅背骨のこと）をもつ動物 ………… 脊椎動物

外骨格をもち脱皮して成長する動物 ……… 節足(せっそく)動物（⬅昆虫など）
維管束(いかんそく)をもつが種子をつくらない植物 …… シダ植物

❹ すべての生物に共通する特徴って，ありますか？

❸の例にあるような特徴は一部の生物が共通でもつ特徴ですね。ここではすべての生物に共通する特徴を整理しましょう！

(1) 細胞を基本単位とする。
(2) 代謝(たいしゃ)（⬅生物が行う化学反応のこと）を行う。
(3) 遺伝情報の本体として DNA をもち増殖(ぞうしょく)する。
(4) 刺激に対して反応する。
(5) 恒常性(こうじょうせい)（⬅体内の環境を一定に保つしくみ）をもつ。
(6) 進化をする。
(7) ATP p.019 を用いてエネルギーの受け渡しを行う。

詳しい内容はあとで扱います！

「ウイルス」って聞いたことありますよね？
ウイルスは上記の特徴の一部だけをもつ存在で，生物としては扱わず，「生物と無生物の中間的な存在」とされます。

❺ すべての生物には，共通の祖先がいるのかな!?

❹で紹介したように，すべての生物には複数の共通した特徴があります。これは，すべての生物には共通の祖先がいて，その祖先から進化してきたからであると考えられています。

生物の進化に基づく類縁(るいえん)関係（⬅共通性がどれくらいあるか・どれくらい昔に種が分かれたか）を系統(けいとう)といい，系統の関係を樹木のように描いたものを系統樹(けいとうじゅ)といいます。次の図は動物の系統樹の一例です。ウニはバッタよりもヒトに近いんですよ！ おもしろいですね♪

ヒドラ（刺胞(しほう)動物）　ミミズ（環形(かんけい)動物）　バッタ（節足動物）　ウニ（棘皮(きょくひ)動物）　ヒト（脊椎動物）

02 細胞の構造

Point Check 細胞は生物の基本単位

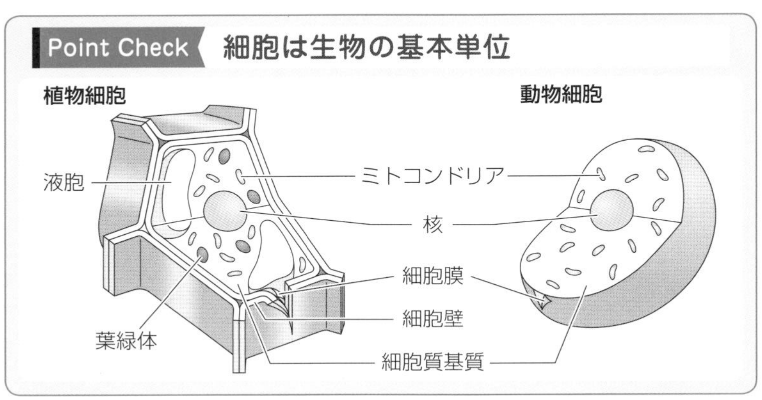

1 **細胞は，すべての生物に共通の基本単位なんですね！**

細胞には，形，大きさ，はたらきがさまざまなものがあります。まず，細胞には**核をもたない原核細胞**と**核をもつ真核細胞**とがあります。どちらも**細胞膜**に包まれている点は同じですが，内部構造には大きな違いがあります。

2 **核がない原核細胞って，細胞内に何があるんだろう……？**

原核細胞でできた生物を**原核生物**といいます。**大腸菌，肺炎双球菌** p.026，**イシクラゲなどのネンジュモ（←シアノバクテリアの一種），根粒菌** p.113 **など，さまざまな原核生物がいます**！

原核細胞はDNA p.024 **をもっていますが，核膜に包まれていません**。DNAは細胞内である程度まとまって存在しています。また原核生物は，**葉緑体**やミトコンドリアといった**細胞小器官**はもっていませんが，一般的に**細胞壁をもっています**（右の図）。

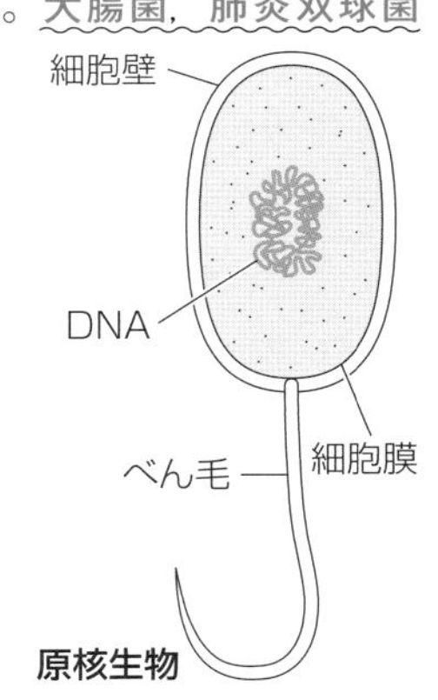

③  真核細胞の構造を整理しておきたいです!!

真核細胞は核と細胞質からできています。まず，核からみていきましょう！

- **核**：核膜に包まれた球状の構造体です。内部には**酢酸オルセインや酢酸カーミンなどの染色液で赤色によく染まる染色体**があります。**染色体はDNAとタンパク質からできています**。

細胞の核以外の部分が細胞質です。では，細胞質について，ミトコンドリアと葉緑体の重要事項を整理しましょう。

- **ミトコンドリア**：すべての真核生物がもつ細胞小器官で，**呼吸** p.020 を行い，生命活動に必要なエネルギーを有機物からとり出します。ミトコンドリアは……，なんと，核とは別にDNAをもっています！

> mitos-が「糸状」，chondrosが「粒状」という意味です。ミトコンドリア（mitochondria）は，糸状または粒状の細胞小器官です。
>
> 

- **葉緑体**：植物や藻類がもつ細胞小器官で，**光合成** p.020 を行い，光エネルギーを用いて二酸化炭素から有機物を合成するはたらきをします。葉緑体も……，な，なんと，DNAをもっています！

細胞質のうち，細胞小器官の間を満たしている部分は細胞質基質といいます。

さらに，液胞と細胞壁についても整理します。

- **液胞**：**成熟した植物細胞では大きく発達した液胞がみられます**。液胞の内部は**細胞液**で満たされており，アミノ酸などの有機物やさまざまな無機塩類が含まれています。花弁の細胞などでは，**細胞液にアントシアンという赤色や青色の色素が含まれていることがあります**。
- **細胞壁**：植物や菌類（⬅カビのなかま），原核生物などの細胞にみられます。細胞を保護したり，細胞の形を保持したりする役割を担っています。**植物の細胞壁はセルロースやペクチンが主成分**です。

問題 1

問1　次の語 **a** ～ **d** のうち，すべての生物が共通してもっている特徴の組合せとして最も適当なものを一つ選べ。

a 遺伝　　**b** 細胞分裂　　**c** 光合成　　**d** 代謝

① **a**，**b**，**c**　② **a**，**b**，**d**　③ **a**，**c**，**d**

④ **b**，**c**，**d**　⑤ **a**，**b**，**c**，**d**

問2　細菌類の細胞と植物細胞のどちらにもみられる物質や構造体の名称の組合せとして最も適当なものを一つ選べ。

① DNA，細胞壁，細胞膜　② DNA，細胞壁，ミトコンドリア

③ DNA，細胞壁，葉緑体　④ RNA，細胞膜，ミトコンドリア

⑤ RNA，細胞膜，葉緑体　⑥ RNA，ミトコンドリア，葉緑体

⑦ 細胞壁，細胞膜，葉緑体　⑧ 細胞壁，細胞膜，ミトコンドリア

問題 2

問1　次の **a** ～ **e** のうち，すべての細胞に共通して含まれる物質の組合せとして最も適当なものを一つ選べ。

a アデノシン三リン酸　**b** クロロフィル　**c** セルロース

d ヘモグロビン　**e** 水

① **a**，**b**　② **a**，**c**　③ **a**，**e**　④ **b**，**c**

⑤ **b**，**d**　⑥ **b**，**e**　⑦ **c**，**d**　⑧ **c**，**e**

問2　原核生物と真核生物の組合せとして最も適当なものを一つ選べ。

	原核生物	真核生物		原核生物	真核生物
①	オオカナダモ	ネンジュモ	②	ネンジュモ	乳酸菌
③	ミドリムシ	オオカナダモ	④	大腸菌	ゾウリムシ
⑤	乳酸菌	大腸菌	⑥	ゾウリムシ	ミドリムシ

問題 3

$_{ア}$真核生物の細胞は，核以外にもさまざまな$_{イ}$細胞小器官を含んでいる。

問1　下線部**ア**に関連して，次の生物 **a** ～ **e** のうち，真核生物だけを過不足なく含む組合せとして最も適当なものを一つ選べ。

a 酵母菌（酵母）　**b** 大腸菌　**c** ネンジュモ

d ゾウリムシ　**e** カナダモ

①d，e　②a，c，d　③a，c，e

④a，d，e　⑤b，c，d　⑥b，c，e

⑦c，d，e　⑧a，b，c，e　⑨a，c，d，e

問2　下線部**イ**に関連する記述として最も適当なものを一つ選べ。

① 細胞質は，ミトコンドリアを含まない。

② 細胞の中は，細胞小器官の間を細胞質基質が満たしている。

③ 葉緑体は，グルコースなどの有機物を分解して，エネルギーをとり出すはたらきをしている。

④ アントシアニン（アントシアンの一種）は，ミトコンドリアに含まれる。

⑤ 多くの動物細胞は，細胞膜の外側に細胞壁をもつ。

問題4

ア地球上には細胞を基本単位とする多様な生物が生活している。細胞は，原核細胞と真核細胞とに大きく分けられる。真核細胞の多くは多細胞体を構成しているが，イ単一の細胞として存在している真核生物もいる。

問1　下線部**ア**に関する記述として最も適当なものを一つ選べ。

① 現在，約2000万種の生物に名前がつけられている。

② すべての生物は共通の祖先生物から進化したと考えられている。

③ 遺伝子の本体としてDNAをもつ生物とRNAをもつ生物がいる。

④ ウイルスは原核生物の一種である。

問2　下線部**イ**の記述にあてはまる生物として最も適当なものを一つ選べ。

① シイタケ　② ネンジュモ　③ ミジンコ

④ 大腸菌　⑤ ススキ　⑥ ゾウリムシ

問3　次の①～⑤の細胞のうち，その長径（最も長い部分の長さ）の長いものから順に並べた際に，3番目になるものを一つ選べ。

① ニワトリの卵　② ヒトの赤血球　③ 大腸菌

④ カエルの卵　⑤ ヒトの肝細胞

解答・解説

問題 1

正解 問1 ② 問2 ①

解説

問1 すべての生物は遺伝子の本体としてDNAをもち，その遺伝情報を子孫へと伝えていきます（aは正しい）。また，すべての生物は細胞からできており，細胞は細胞分裂を行います（bも正しい）。さらに，すべての生物は代謝を行いますね（dも正しい）。しかし，**光合成は植物，藻類（そうるい），シアノバクテリアなどの一部の生物しか行いません**（cは誤り）。

この設問は，「**cは誤りだ！」とわかれば消去法で解答できます**ね。

問2 細菌も植物も**生物である以上はDNA，RNA** p.041 **や細胞膜は絶対にもっています**。また，両者ともに細胞壁をもつことは13ページに書かれていますね。

この設問は「**原核生物である細菌は，葉緑体とミトコンドリアをもたない**」とわかれば消去法で解答できますね。

問題 2

正解 問1 ③ 問2 ④

解説

問1 アデノシン三リン酸（ATP）はすべての細胞においてエネルギーの受け渡しを行っています p.019 。水は，さすがにすべての細胞に含まれています。

問2 「生物名ってどれくらい覚えればいいの？」と悩んでいる人も多いでしょう。本書や教科書，共通テストの過去問などで知らない生物名に出会うたびにコツコツ覚えていきましょう。

大腸菌とネンジュモが原核生物であることは必須ですよ！ なお，乳酸菌も原核生物です。

「○○○モ」「◎◎◎菌」などの似た名前の生物は特に注意して覚えましょうね。**オオカナダモは被子植物**で，もちろん真核生物ですよ。

問題 3

正解 問1 ④ 問2 ②

解説

問1 **酵母は菌類で，真核生物**です。酵母が真核生物であることは非常に重要なので，絶対に，絶対に覚えてください。その他の生物については**問題**②の解説を参照してください。

問2 **細胞質は細胞の核と細胞壁以外の部分**です。細胞質基質だけでなくミトコンドリアなどの細胞小器官も含みます（① は誤り）。③ は葉緑体ではなく，ミトコンドリアについての記述です（③ も誤り）。アントシアニンは一部の植物細胞の液胞に含まれる色素でしたね（④ も誤り）。動物細胞は，もちろん細胞壁をもっていません（⑤ も誤り）。

問題 4

正解 問1 ② 問2 ⑥ 問3 ⑤

解説

問1 「**01** 生物の多様性と共通性 p.010」で整理した知識についての確認問題でした。生物が共通した特徴をもつのは，共通の祖先から進化したからです。

問2 シイタケは菌類で，多細胞生物です。**ミジンコは節足動物**，**ススキは被子植物**で，いずれも多細胞生物です。

問3 **細胞の大きさは細胞の中身の量を反映**しています。卵黄を多くもつ卵は大きく，**核やミトコンドリアをもたない赤血球**は小さい細胞です。原核生物が小さいことも納得できますね。なお，長径の長いものから順に，① → ④ → ⑤ → ② → ③ となります。

03 代　謝

Point Check　光合成は同化，呼吸は異化

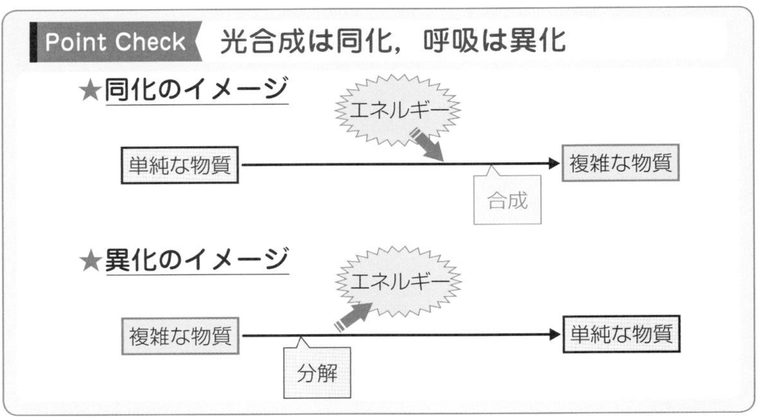

❶  **代謝って，何ですか？**

生物が行う化学反応を**代謝**(たいしゃ)といいます。代謝のうちで，**エネルギーをとりこんで単純な物質から複雑な物質を合成する反応を同化**(どうか)，**複雑な物質を単純な物質に分解し，エネルギーをとり出す反応を異化**(いか)といいます。

光合成(こうごうせい)で光エネルギーを吸収して，二酸化炭素（⬅単純な物質）からデンプンなどの有機物（⬅複雑な物質）をつくります。**光合成は同化の一種**とわかります。逆に，**呼吸**(こきゅう)**は異化の一つ**ですね p.021 。

❷ **デンプンをつくるような化学反応が，ふつうの温度でサクサク進むのってすごくないですか!?**

そうなんです，すごいんです（笑）

サクサク進むのは，**酵素**(こうそ)のおかげなんですよ！ **酵素は，タンパク質でできていて，触媒**(しょくばい)**としてはたらきます**。過酸化水素を酸素と水にする反応「$2H_2O_2 \longrightarrow 2H_2O + O_2$」を触媒する**カタラーゼ**が有名ですね。

光合成に関係する酵素は葉緑体に，呼吸に関係する酵素はミトコンドリアにあります。**アミラーゼ**（⬅デンプンを分解する），**トリプシン**（⬅タンパク質を分

解する）などの消化酵素は細胞の外に分泌されて細胞の外ではたらく酵素です。

❸ どうやって，エネルギーをとりこんだり，とり出したりするんですか？

代謝はエネルギーの出入りをともないます。このときに，**ATP が出たエネルギーをいったん預かります**。例えば，呼吸でとり出したエネルギーを ATP にいったん預けておいて，筋肉が動くときに ATP からエネルギーを出します。だから，ATP は『**エネルギーの通貨**』とよばれます。

❹ そもそも ATP って何ですか？

ATP はアデノシン三リン酸という物質ですよ！「うわっ，長い名前だな（><）」と思うかもしれませんが……，名前のとおり，**アデノシンにリン酸が 3 つ結合した物質**（次の図）です。ちなみに，**アデノシンはアデニンという塩基とリボースという糖が結合した物質**です。

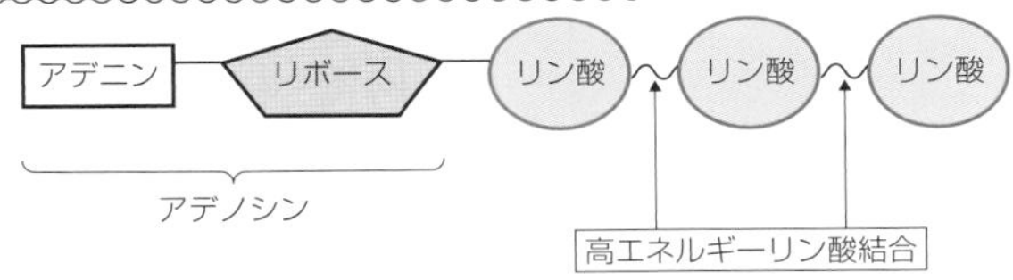

ATP の構造

-ose は「糖（＝炭水化物）」という意味ですよ。グルコース，リボース，デオキシリボース，セルロース !!!

リン酸とリン酸の間の結合を高エネルギーリン酸結合といって，この結合が切れるときに多量のエネルギーが出てきます。なので，ATP の末端のリン酸が 1 つとれると **ADP**（＝アデノシン二リン酸）という物質が生じ，このときに多量のエネルギーが出ます。すべての生物が，**ATP を ADP とリン酸に分解するときに出るエネルギーを生命活動に使っている**んですよ！

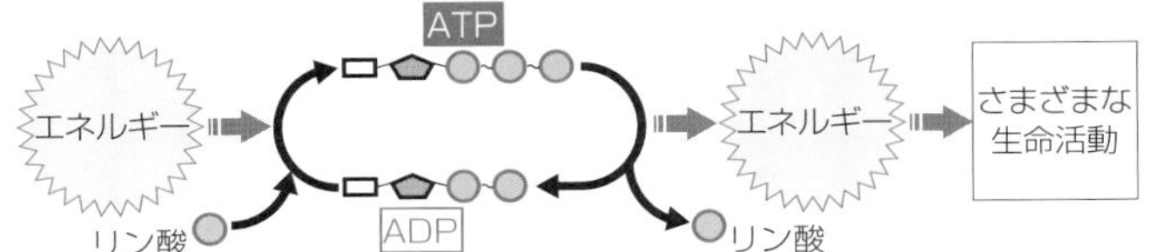

04 光合成と呼吸

Point Check 光合成のイメージ

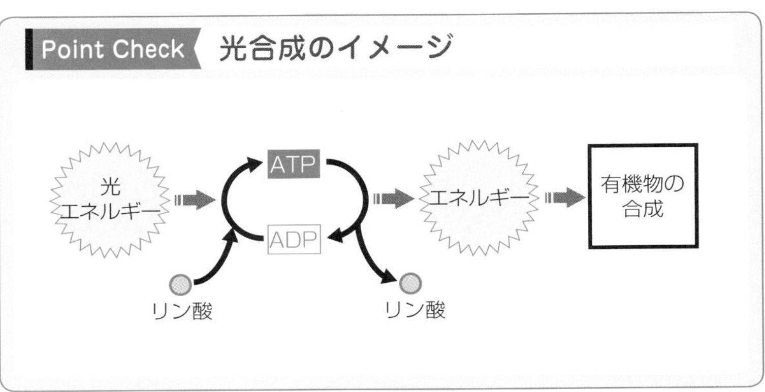

❶ **光合成は中学で勉強しました！　酸素を出すことですねっ！**

ウ～ン……，高校の生物ではもうちょっと本質的なことを学びます。

光合成は，二酸化炭素からデンプンなどの有機物をつくります。光合成は同化の一種なので，エネルギーが必要です。そこで，**植物は光エネルギーを吸収して ATP をつくり，その ATP のエネルギーを利用して，有機物を合成します**。光合成の過程をまとめると，次のように表せます。

水(H_2O)＋二酸化炭素(CO_2)＋光エネルギー ⟶ 有機物＋酸素(O_2)

光合成の過程では，いったん ATP がつくられて，その ATP を利用しているところがポイントですよ！

❷ **呼吸は……，吸って～，吐いて～！　スーハー！　スーハー！**

それも，間違いではないんですが……，ここで学ぶ**呼吸**は，細胞内で酸素を利用して有機物を分解して，発生したエネルギーで ATP をつくることです。この反応を行うために，僕たちは酸素を吸っているんですね。

グルコース（$C_6H_{12}O_6$）などの有機物を用いた呼吸の過程をまとめると次のように表せます。

有機物（$C_6H_{12}O_6$）＋酸素（O_2）⟶ 二酸化炭素（CO_2）＋水（H_2O）＋ ATP

呼吸のイメージは次のような感じです。光合成のイメージとセットにして，見てください。合成されたATPは，さまざまな生命活動に使われますよ！

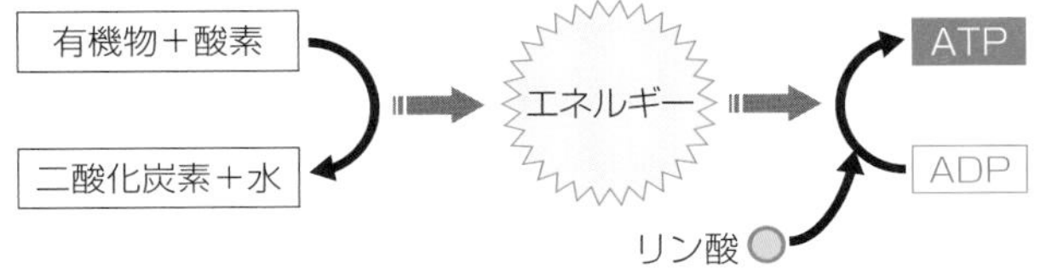

❸ 葉緑体とミトコンドリアって，すごいですね～。

生物の進化の過程で，これらの細胞小器官がどうやってできたのか……，不思議ですね。現在では，**これらの細胞小器官は原核生物の共生によってつくられた**と考えられています！　原始的な真核生物に，**呼吸を行う細菌がとりこまれてミトコンドリアになった**んだそうです（次の図）。さらに，**光合成を行う細菌であるシアノバクテリアがとりこまれて葉緑体になった**と考えられています！　このような考え方を共生説（きょうせいせつ）といいます。

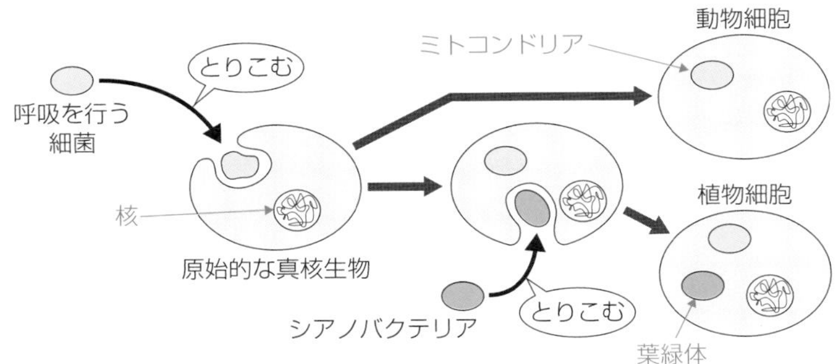

さまざまな根拠がありますが，**葉緑体やミトコンドリアが独自のDNAをもつことが根拠**の一つです。

問題 5

問1　同化に関して，植物および動物における代謝を次の図に示した。矢印**ア～オ**のうち，同化の過程を過不足なく含むものを一つ選べ。

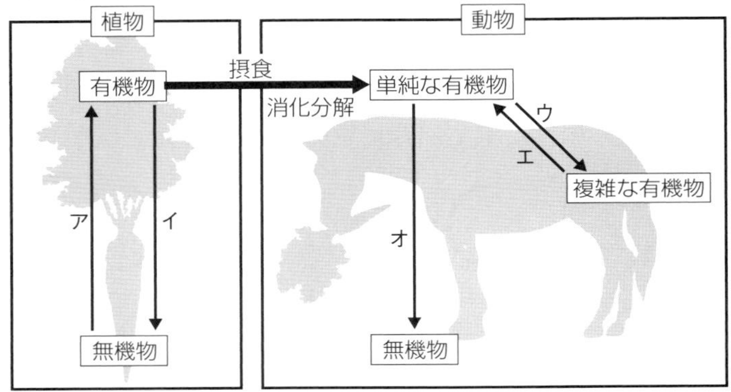

①**ア**　②**イ**　③**ア，ウ**　④**ア，エ**　⑤**イ，ウ**
⑥**イ，エ**　⑦**イ，オ**　⑧**ア，エ，オ**　⑨**イ，エ，オ**

問2　ATPについての記述として最も適当なものを一つ選べ。

① 1分子のATPには3つの高エネルギーリン酸結合がある。
② 葉緑体でもミトコンドリアでも，ATPが合成される。
③ ATPはアデノシン，リボースと3つのリン酸からできている。
④ ADPからATPをつくる際に，多量のエネルギーが放出される。

問題 6

真核細胞中の$_a$ミトコンドリアでは，呼吸にかかわるさまざまな$_b$酵素によって一連の化学反応が進んでおり，生命活動に必要なエネルギーがとり出されている。

問1　下線部**a**に関連して，次の文章中の空欄に入る語の組合せとして最も適当なものを一つ選べ。

ミトコンドリアでは酸素を用いて呼吸が行われることで有機物が分解され，水と二酸化炭素を生じながら［ ア ］とリン酸から［ イ ］が合成される。生命活動の多くで使用されるエネルギーは，［ イ ］分子内のリン酸どうしを結ぶ［ ウ ］の高エネルギーリン酸結合に蓄えられる。

	ア	イ	ウ		ア	イ	ウ
①	ADP	ATP	2つ	②	ATP	ADP	2つ
③	ADP	ATP	3つ	④	ATP	ADP	3つ

問2　下線部**b**に関する記述として，**誤っているもの**を一つ選べ。

① 食物として摂取した酵素の多くは，そのままヒトの体内にとりこまれて細胞内ではたらく。

② 酵素は，主にタンパク質でできている。

③ 多くの酵素は，くりかえし作用し得る。

④ ある種の酵素は，細胞外に分泌されてはたらく。

⑤ 酵素反応の多くは，生体内のような比較的おだやかな条件で進む。

解答・解説

問題 5

正解　問1 ③　問2 ②

解説

問1　同化は「単純な物質→複雑な物質」という化学変化です。植物だけではなく，**動物も同化を行い，アミノ酸からタンパク質をつくったりします**。

問2　①は「3つ」ではなく「2つ」，③は「アデノシン」ではなく「アデニン」ですね。④はADPとATPが入れかわれば正しい！　間違えた人は19ページにもどって再確認しましょう！！

問題 6

正解　問1 ①　問2 ①

解説

問1　ATPにはリン酸が3つあり，高エネルギーリン酸結合はそれらの間に2つありますね。

問2　**酵素はタンパク質でできている**ので，酵素を口から摂取しても消化酵素でアミノ酸に分解されてから吸収されます。摂取した酵素がそのまま体内ではたらくことはありません。

05 遺伝情報とDNA

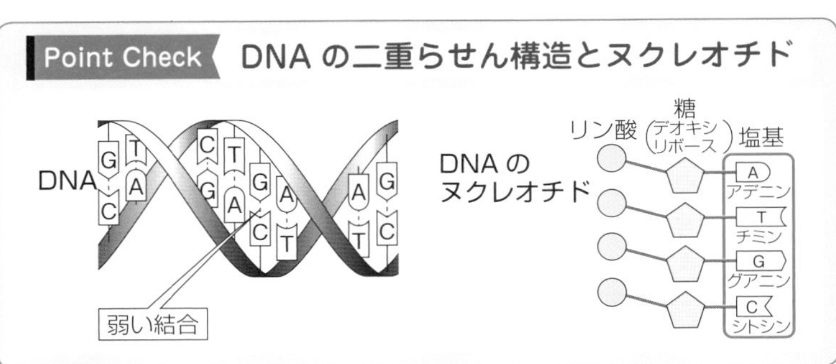

❶ 中学では「メンデルの遺伝の法則」を学びました！

そうですね。「親から子へと受け継がれる**遺伝子**って，そもそも何なのか？」

その正体が**DNA**という物質なんですね。現在では，もはや常識ですけど，遺伝子の正体がDNAであると認められるまでには，かなりの紆余曲折（うよきょくせつ）がありました。

❷ 「紆余曲折」にちょっと興味がわいてきました♪

肺炎双球菌（はいえんそうきゅうきん）を用いた**形質転換**（けいしつてんかん）の実験や，T_2ファージの実験によって遺伝子の本体がDNAであることが広く認められるようになったんです。が，紆余曲折については次の26ページで丁寧にやりますので，先に進みましょう。

❸ DNAはどんな物質ですか？

DNAはデオキシリボ核酸（かくさん）という物質で，ヌクレオチド**という基本単位が多数つながってできています。ヌクレオチドは，リン酸と糖と塩基が1つずつ結合したもの**です。DNAを構成するヌクレオチドには4種類があるんですよ！

まず糖ですが，**DNAのヌクレオチドに含まれる糖は**デオキシリボースです。「デ」だから頭文字が「D」なんですよ！

そして，塩基です。**DNAのヌクレオチドに含まれる塩基には**アデニン

(A)，チミン（T），グアニン（G），シトシン（C）**の4種類**があり，どの塩基を含むかによって4種類のヌクレオチドがあります。

4 DNAはどんな形をしているんですか？

端的にいうと「二重らせん構造」です！　**ヌクレオチドの糖が隣りのヌクレオチドのリン酸と結合して鎖をつくっています**。そして，2本のヌクレオチド鎖は，塩基どうしで結合してはしごのようになっています。このとき，**AはTと，GはCと結合**します。これはルールです！　実際に，2本のヌクレオチド鎖が結合すると……，ゆるくねじれてらせん状になるんです。だから，**二重らせん構造**とよばれます。このようなDNAの構造のモデルを提唱した学者が，ワトソンとクリックです！

5 4種類のヌクレオチドからできた物質が遺伝子の本体なんですか。なんだか不思議ですね。

DNAにおける4種類の塩基の並び方（⬅**塩基配列**）は生物によって決まっていて，この塩基配列こそが遺伝情報なんです。

6 AとTが対……，GとCが対だから……，ブツブツ……

気づきました？　DNAにおいて，**Aの数とTの数は等しく，Gの数とCの数も等しくなります**よね！　この規則性はシャルガフらによって示されたため，**シャルガフの規則**とよばれています。では，次の例題を解いてみてください。

例題 1

ある細菌のDNAにはAのヌクレオチドが個数の割合で30%含まれている。このDNAに含まれるCのヌクレオチドの割合は何%か。

①20%　②25%　③30%　④40%

解答　①

解説

Aが30%含まれていますので，**シャルガフの規則よりTも30%含まれる**ことになります。そして，残りの40%がGとCですね。GとCも同じ割合で含まれているので，GとCはともに20%となります！

06 形質転換と T_2 ファージ

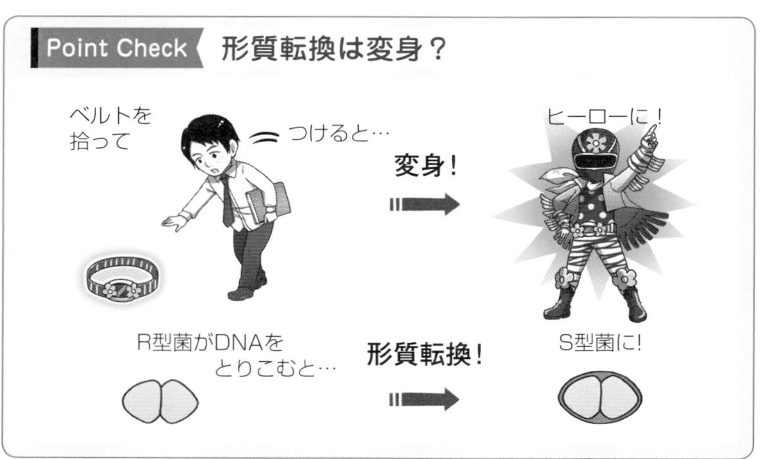

❶ 形質転換は変身……，なのですか？

もちろん比喩(ひゆ)ですけど，だいたい，そんなイメージです。

肺炎双球菌(はいえんそうきゅうきん)という，肺炎を引き起こす細菌がいます。**肺炎双球菌には，肺炎を引き起こすS型菌と，引き起こさないR型菌の２タイプがあります。**

こんな驚きの実験があります。**加熱殺菌したS型菌**（⬅肺炎を引き起こしません）**と生きたR型菌を混合してマウスに注射すると，マウスは肺炎にかかってしまう**んです！　しかも，マウスの体内には注射した覚えのない**生きたS型菌**がいるんですよ！　これはグリフィスが行った実験です。

死んでいるS型菌に含まれていた何らかの物質がR型菌にとりこまれ，R型菌がS型菌に変化した。これが形質転換(けいしつてんかん)！　変身のイメージでしょ!?

❷ 何らかの物質っていうのはDNAですか？

正解！　エイブリーは，**S型菌をすりつぶした抽出液(ちゅうしゅつえき)からDNAを除去して生きたR型菌と混合しても形質転換が起こらない**ことを示し，形質転換の原因物質が DNA であることを証明しました。これによって「遺伝子って DNA かも？」という流れができていきます。

3 **T_2ファージの写真を見ました！　カッコいいですよね。**

そうですね，T_2 ファージは右の図のような構造をしていて，なかなかカッコいいと思います。

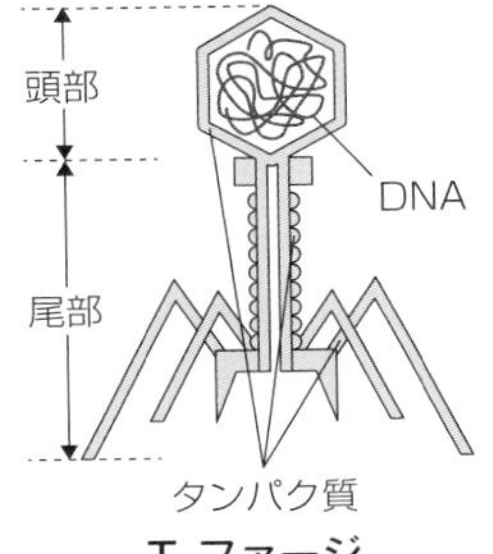

T_2ファージ

T_2 ファージは大腸菌に感染するウイルスです。T_2 ファージは，大腸菌に感染すると，**タンパク質の外殻は大腸菌の外に残し，DNA だけを大腸菌内に注入**します。そして，大腸菌の中で多数の子ファージがつくられます。大腸菌内に注入された DNA によって子ファージがつくられたわけですから，**DNA が T_2 ファージをつくる情報，つまり遺伝情報をもっていた**ということになりますね。

そして，めでたく「遺伝子の本体が DNA である」と明らかになりました。

例題 2

グリフィスやエイブリーによる肺炎双球菌の形質転換についての実験に関する記述として最も適当なものを一つ選べ。

① R 型菌が S 型菌に形質転換して肺炎を引き起こすためには，あらかじめ R 型菌を殺菌しておく必要がある。

② 煮沸（しゃふつ）して殺菌された S 型菌は，R 型菌と混ぜると，生き返る。

③ 肺炎を引き起こす物質は，S 型菌を煮沸すると増える。

④ S 型菌由来の物質をとりこむことで，R 型菌は S 型菌の性質をもつようになる。

解答　④

解説

R 型菌が S 型菌の DNA をとりこむと，**形質転換をして S 型菌の性質をもつ**ようになり，肺炎を引き起こします。

07 体細胞分裂

Point Check 細胞周期と体細胞分裂

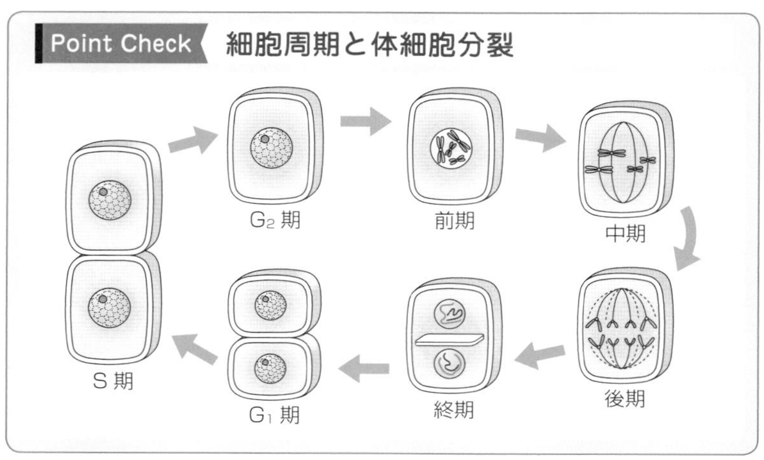

❶ DNA……，遺伝子……，染色体……，ゲノム……？

DNA の塩基配列が遺伝情報であることは 25 ページでいいましたが，DNA のすべての塩基配列が遺伝情報というわけではありません。次の図のように，**遺伝子は DNA 上にトビトビに存在している**んです！

ある生物がもつ，からだをつくり，生きていくために必要な 1 セットの遺伝情報をゲノムといいます。真核生物の体細胞は，父方から受け継いだゲノムと母方から受け継いだゲノムの，合わせて 2 組のゲノムをもっています。**ヒトゲノムは約 30 億の塩基対の DNA からなり，約 2 万個の遺伝子が存在している**んですよ！

❷ 体細胞分裂では，同じ細胞をつくり続けますよね？

分裂をする前に，**DNA を正確に複製（ふくせい）して，複製された DNA を娘細胞にキッチリと分配するから，同じ細胞をつくり続けられる**んですね。

③ 体細胞分裂の流れについては何を覚えたらいいですか？

まず，体細胞分裂をくりかえす細胞について，**分裂が終わってから次の分裂が終わるまでを細胞周期**といいます。**実際に細胞を分裂させている時期を分裂期（M 期），分裂の準備をしている時期を間期**といいます。間期は，どんな準備をしているかによって，**順に DNA 合成準備期（G_1 期），DNA 合成期（S 期），分裂準備期（G_2 期）に分けられます**（右の図）。

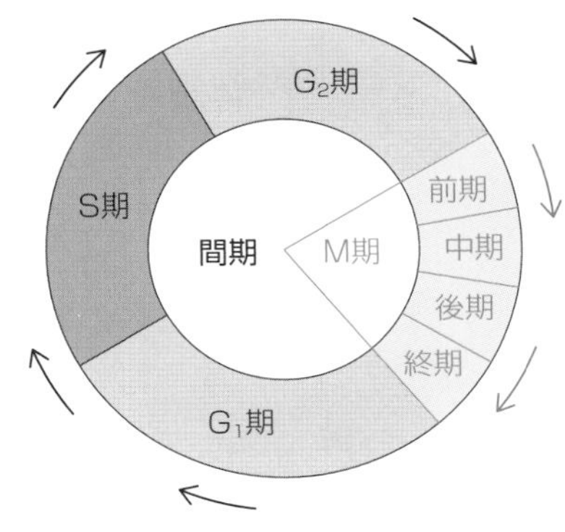

④ 分裂期が Point Check の図だけではよくわかりません……

さすがに説明が必要ですね！ **分裂期は染色体のようすによって大きく前期，中期，後期，終期に分けられます。**

前期には，染色体が凝縮して太くなり光学顕微鏡（→操作については p.032）で観察できるようになります。中期には，⬅このような感じの**染色体が赤道面に並びます**。なお，**この染色体（）には DNA が 2 本入っています**よ！ 後期になると，中期に並んだ染色体がポキッと 2 つに分離し，**両極に移動**します。染色体の移動が終わると終期になり，**染色体が再び分散**して光学顕微鏡で見えなくなります。終期には**細胞質分裂**も行われ，細胞そのものを 2 つに分割します。ものすご～くシンプルにまとめると，次の表のようになります。

間期		分裂期	
G_1 期	DNA 複製の準備	前期	染色体の出現
S 期	DNA 複製	中期	染色体が赤道面に並ぶ
G_2 期	分裂の準備	後期	染色体が両極へ移動
		終期	染色体が分散，細胞質分裂

08 体細胞分裂とその観察

Point Check 体細胞分裂と核あたりのDNA量の変化

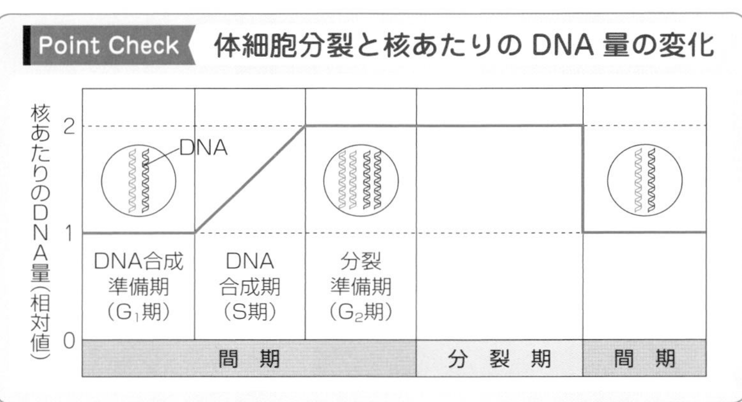

1 **DNA量の変化……，わかったような，わからないような……(>.<)**

確かに，DNAの「量」といわれても，数なのか，重さなのか，長さなのか，わかりませんね。**DNA量は「DNAの質量」**です。考えにくい場合には「**DNAの本数**」と考えてもほぼ差し支(つか)えありませんよ。

ヒトの細胞を例にDNA量の変化を考えてみましょう！ **ヒトの体細胞には通常46本のDNAが入っています**。S期にDNAを複製するので，G_2期の細胞には92本のDNAが入っています。よって，**G_2期では細胞の核に含まれるDNA量はG_1期の2倍**になります！ そして，**分裂期が終わって核が2つになると核あたりのDNA量は46本になり，核あたりのDNA量も元にもどります**。

2 **分裂している細胞を観察するにはどうしたらいいですか？**

光学顕微鏡を使います！ 顕微鏡の使い方については32ページで扱います。顕微鏡観察には，プレパラートを作成する必要があります。プレパラートの作成には重要な操作があり，しかも，その操作の順番も大事です。

③ プレパラートの作成で塩酸を使うのはなぜですか？

おっ，少し知っている感じですね？　では，タマネギなどの根端分裂組織のプレパラート作成の手順を紹介します。

STEP1　固定（＝ 45% 酢酸などに浸ける）

➡ 細胞の構造を維持した状態のまま，細胞を殺す。

STEP2　解離（＝約 60℃の希塩酸に浸ける）

➡ 細胞壁のペクチンなどの成分を分解し，細胞どうしをバラバラにする。

STEP3　染色（＝酢酸オルセインなどをたらす）

➡ 染色体を染色し，観察しやすくする。

STEP4　押しつぶし

➡ 細胞を一層に広げる（＝積み重なっていない状態にする）。

④ ……分裂期の細胞が見つからない……

根端分裂組織のように，細胞がバラバラのタイミングでランダムに分裂している集団の場合，**観察される細胞の数と要する時間との間にはほぼ比例関係が成立する**ものとすることができます（次の図）。

分裂期の細胞がなかなか見つからないのは，細胞周期の中では分裂期に要する時間の割合が小さい，ということですね。

なお，**細胞周期の長さは「G_1 期＋ S 期＋……＋終期」ですが，「細胞数の倍加に要する時間」として求めることもできます**。

例えば，100 個の細胞が 40 時間で 400 個になったとすると，20 時間で細胞数が 2 倍になるとわかるので，この細胞集団について，細胞周期の長さは 20 時間と求めることができるんですね。ぜひとも 36 ページの問題⑫にチャレンジしてください!!

09 光学顕微鏡の使い方

Point Check 顕微鏡の使い方

顕微鏡操作の注意事項

- **接眼レンズ→対物レンズの順にレンズをとりつける。**
- **対物レンズとプレパラートを離しながらピントを合わせる。**
- **顕微鏡を通して見る像は上下左右が逆になっている!!**

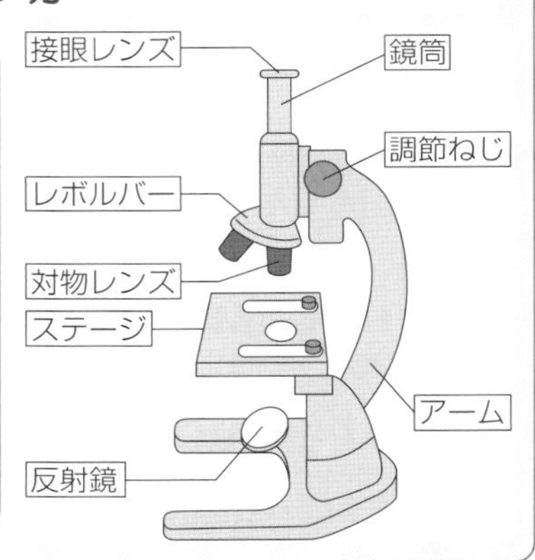

❶ 光学顕微鏡なら，使ったことありますよ！

すばらしい！　念のために，上の図で各部位の名称を確認しておきましょう。また，顕微鏡を使ううえでの注意事項を上の Point Check にまとめたので，自分が顕微鏡を使ったときのことを思い出しながら確認してください。

❷ 顕微鏡で見ているものの大きさを測定できますか？

ミクロメーターを使えば測定できます！

接眼ミクロメーターは接眼レンズの中にセットします。**実際に細胞などの長さを測定するときに用いる目盛り**ですが，１目盛りがどれくらいの長さになるのかを毎回計算によって求める必要があります。めんどうですが，しかたがありません。

対物ミクロメーターはステージの上に置いて使います。一般的な対物ミクロメーターには 10 μm（＝0.01mm）刻みの目盛りがあり，これを基準にして接眼ミクロメーター１目盛りの長さを求めるんです。対物ミクロメーターの目盛りは**長さの基準として使う目盛り**なので，これで測定はしません。測定は接眼ミクロメーターを用いて行います。

3 ミクロメーターの使い方を知りたいです！

右の図を見てください。細い目盛りが接眼ミクロメーターの目盛り，太い目盛りが対物ミクロメーターの目盛りです。

図中の▼の２点で両者の目盛りがぴったり重なっていますね。この▼の間の距離は，対物ミクロメーター３目盛り分で 30 μm。▼の間の距離は接眼ミクロメーター５目盛り分。よって，次の式が成立します！

接眼ミクロメーター１目盛りの長さ＝$30 \times \frac{1}{5}$＝6 μm

4 細胞の大きさが４目盛りだったら 6×4＝24 μm だ！

正解！　簡単でしょ？　まあ，簡単に測定できるように工夫された道具ですからね。ただ，１点だけ注意事項があるんですよ。

ちょっと拡大したいな……と，**レボルバー**を回して対物レンズの倍率を変えたときは注意が必要。接眼ミクロメーターは接眼レンズの中にあるので，対物レンズの倍率を変えても見え方は変わりません。しかし，１目盛りが意味する長さが変わってしまいます。

5 細胞の大きさってさまざまですね！

ゾウリムシ（約 200 μm）のように大きな細胞から，ヒトの赤血球（約７μm）のように小さな細胞までいろいろありますね。インフルエンザウイルス（約 0.1 μm）などは光学顕微鏡では見えません。残念。

問題 7

ア<u>DNA</u>は，糖，リン酸および塩基からなる高分子である。DNAのイ<u>二重らせん構造</u>は，細胞内で遺伝情報を安定に保ち，細胞分裂後の細胞に正確な遺伝情報を伝えるしくみの基盤となっている。

問1　下線部**ア**に関して，次のDNAのヌクレオチドの模式図（a～c）と，そこに含まれる糖との組合せとして最も適当なものを一つ選べ。

a [リン酸]－[塩基]－[糖]　　b [塩基]－[糖]－[リン酸]
c [糖]－[リン酸]－[塩基]

	模式図	糖		模式図	糖
①	a	グルコース	②	b	グルコース
③	c	グルコース	④	a	リボース
⑤	b	リボース	⑥	c	リボース
⑦	a	デオキシリボース	⑧	b	デオキシリボース
⑨	c	デオキシリボース			

問2　下線部**イ**に関連して，ある生物に由来する2本鎖DNAを調べたところ，2本鎖DNAの全塩基数の30%がアデニンであった。この2本鎖DNAの一方の鎖をX鎖，もう一方の鎖をY鎖としてさらに調べたところ，X鎖DNAの全塩基数の18%がシトシンであった。このとき，Y鎖DNAの全塩基数におけるシトシンの数の占める割合〔%〕として最も適当な数値を一つ選べ。

① 12%　② 14%　③ 18%　④ 20%　⑤ 22%
⑥ 30%　⑦ 36%　⑧ 52%　⑨ 60%

問題 8

大腸菌に感染するウイルスの一種である T_2 ファージは，外殻（殻）を構成する[ア]と，内部に含まれる[イ]からできている。

文中の空欄に入る語として最も適当なものを一つずつ選べ。

① DNA　② タンパク質　③ 炭水化物　④ 細胞膜　⑤ 核

問題 9

DNAは，1870年頃にミーシャーによりヒトの膿(うみ)から発見された。このDNAが遺伝子の本体であることは，その発見から半世紀以上を経て，グリフィスやエイブリーによる肺炎双球菌を用いた研究で明らかになった。グリフィスが行った実験にならって以下の実験1～3を行った。

［実験1］ S型菌をネズミに注射するとネズミは肺炎を起こしたが，R型菌を注射した場合は，肺炎を起こさなかった。

［実験2］ 加熱殺菌したS型菌をネズミに注射しても，肺炎を起こさなかった。

［実験3］ 加熱殺菌したS型菌と生きたR型菌を混ぜて注射すると，肺炎を起こすネズミが現れた。このネズミから，生きたS型菌が検出された。このS型菌を数世代培養したものもS型菌としての性質を保持していた。

実験結果から考察される，S型菌の形質を決定する物質の性質として**誤っているもの**を一つ選べ。

① R型菌に移り，その形質を変化させる。
② 熱に対して比較的安定である。
③ 加熱によりR型菌の形質を決める物質に変化する。
④ 遺伝に関係する。

問題 10

体細胞分裂では，増殖過程の間期にDNAの複製などが行われたあと，核分裂・細胞質分裂が起こって2つの娘細胞を生じる。

問1 体細胞分裂の分裂期（M期）について，次の**ア～オ**に記述する現象の起こる順序として最も適当なものを一つ選べ。

ア 染色体の両極への移動　　**イ** 染色体の分散
ウ 染色体の凝縮　　**エ** 細胞質分裂の完了
オ 染色体の赤道面への整列

① **オ → ウ → ア → エ → イ**　　② **ウ → ア → オ → エ → イ**
③ **オ → ウ → イ → ア → エ**　　④ **ウ → オ → ア → エ → イ**
⑤ **オ → ア → ウ → イ → エ**　　⑥ **ウ → オ → ア → イ → エ**

問2　DNAと染色体に関する記述として最も適当なものを一つ選べ。

① DNA量は分裂中期に2倍に増加する。
② DNAは染色体とよばれる。
③ 染色体には，DNA以外にも遺伝物質がある。
④ DNAは染色体の構成成分である。

問題 11

真核生物の体細胞分裂の間期に関する記述として最も適当なものを一つ選べ。

① S期では，DNA量は変化せず，DNA合成の準備が行われている。
② S期では，複製されたDNAが娘細胞に均等に分配される。
③ G_1期では，DNAが複製され，細胞あたりのDNA量は2倍になる。
④ G_1期では，DNA量は2倍になっており，分裂の準備が行われている。
⑤ G_2期では，DNAが複製され，細胞あたりのDNA量は2倍になる。
⑥ G_2期では，DNA量は2倍になっており，分裂の準備が行われている。

問題 12

根端分裂組織のプレパラートを作り，顕微鏡で観察したところ，**図**のように，細胞分裂のさまざまな時期の細胞像が観察された。このとき観察された各時期の細胞の数を，**表**に示した。なお，すべての細胞は**a**～**e**のいずれかの形態に分類された。

a

b
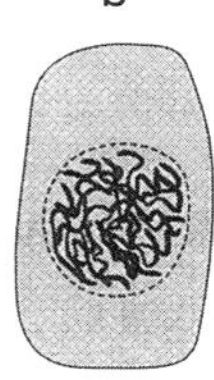
c
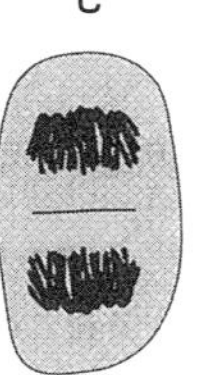
d

e
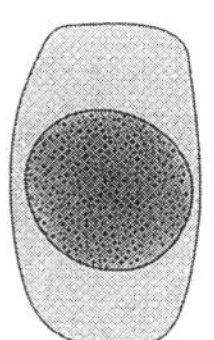

細胞の形態	a	b	c	d	e
細胞の数［個］	30	120	90	60	2700

この根端分裂組織の細胞周期はどの細胞も15時間であり，ランダムに分裂しており，分裂していない細胞はなかった。このとき，G体から推測される後期の長さとして最も適当なものを一つ選べ。

① 9分　② 18分　③ 27分　④ 90分　⑤ 180分　⑥ 270分

問題 13

ある倍率で1目盛り0.01mmの対物ミクロメーターを見たところ，対物ミクロメーターの4目盛りと接眼ミクロメーターの5目盛りが一致していた。この倍率のまま，ある細胞を観察したところ，接眼ミクロメーター4目盛り分に相当した。この細胞の大きさ（μm）として最も適当なものを一つ選べ。

① 3.2 μm　② 5.0 μm　③ 32 μm
④ 50 μm　⑤ 320 μm　⑥ 500 μm

解答・解説

問題 5

正解　問1 ⑧　問2 ⑤

解説

問1　ヌクレオチドの構造を24ページにもどって見なおしてみましょう。そして，ついでにDNAの構造も見直してくださいね。

問2　シャルガフの規則を用いる計算問題ですが，**例題1** p.025 よりもちょっと難しい問題です。

まずは，DNA全体をまとめて考えましょう。A＝30％ですので，T＝30％，さらにG＝C＝20％と求めるまではOKですね。続いて，このDNAの一方の鎖（X鎖）だけに注目すると，X鎖についてはC=18％です（下の図）。

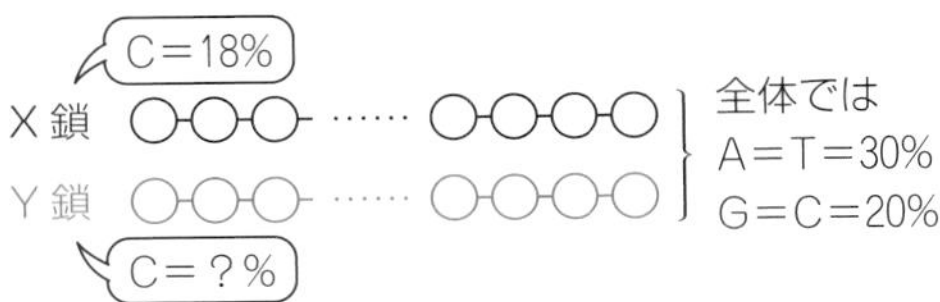

X鎖におけるCの割合とY鎖におけるCの割合の平均が全体でのCの割合20％になるんですね。**平均という発想がポイント**です。よって，X鎖におけるCの割合が18％なので，Y鎖におけるCの割合が22％であると決まります！

問題 8

正解 ア ② イ ①

解説

T_2 ファージはウイルスで，生物ではありません。タンパク質の外殻の中に DNA が入っているシンプルな構造をしています。

問題 9

正解 ③

解説

②の記述が正しい記述と判定できるかどうかが勝負！

設問文の**「S 型菌の形質を決定する物質」が「S 型菌の DNA」である**ことはわかりましたか？［実験 3］で S 型菌の DNA が R 型菌にとりこまれて形質転換していますので，①は正しい記述です。DNA はもちろん遺伝に関係する物質なので，④も正しい記述です。

そして，**加熱殺菌しても S 型菌の DNA は壊れておらず，はたらける状態だったから，R 型菌が S 型菌になれた**わけです。よって，②も正しい記述です。

問題 10

正解 問1 ⑥ 問2 ④

解説

問 1 **ウ**が，**染色体が光学顕微鏡で観察できるようになるという意味**であることがわかりましたか？ **ウ**は前期についての記述です。これとは逆の内容の**イ**が終期であることがわかります。なお，**エ**の**細胞質分裂は終期の最後の最後に完了**しますので，**イ→エ**という順番になりますよ。

問 2 **染色体は DNA とタンパク質からなります**ので，④が正解で，②が誤りです。なお，DNA 以外に遺伝物質はないので，③は誤りです。そして，**DNA 量が倍加するのは DNA を複製する S 期**なので，①も誤りです。

問題 11

正解 ⑥

解説

問題 10 と同じ内容の問題です。**DNA 量が倍加するのは S 期**なので，G_2 期では DNA 量が通常の 2 倍の状態になっています。そもそも，G_2 期は分裂準備期なので，⑥ が正解なのは明らかですよね。

問題 12

正解 ②

解説

a が中期，**b** が前期，**c** が終期，**d** が後期，**e** が間期です。本問の条件では，各時期の細胞の数と要する時間には比例関係が成立するので，

後期に要する時間〔分〕$= 15 \times 60 \times \dfrac{60}{30+120+90+60+2700} = 18$〔分〕

となります。

問題 13

正解 ③

解説

接眼ミクロメーター 1 目盛りの長さは，$\dfrac{4 \times 10}{5} = 8$〔μm〕と求められます。倍率を変えていないのでそのまま細胞の大きさを測定しています。よって，細胞の大きさは，$4 \times 8 = 32$〔μm〕となります。

10 遺伝情報の発現

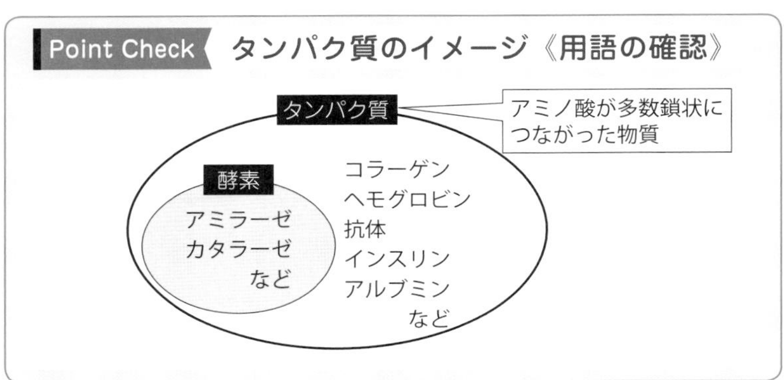

❶ タンパク質って酵素のことですか？

18 ページで「酵素はタンパク質でできている」と学びましたね。確かにそのとおりなのですが，**酵素以外のタンパク質もある**んです。例えば，コラーゲンという繊維状のタンパク質は皮膚や骨の構成成分ですが，酵素ではありません。赤血球に含まれるヘモグロビン，インスリンなどの一部のホルモン，抗体(こうたい)などもタンパク質です。

タンパク質はアミノ酸(さん)がいっぱい鎖状につながった物質で，どんなアミノ酸がどのような順番でつながっているかによって，タンパク質の種類が決まります。ヒトは数万種類以上のタンパク質をつくっているといわれているんですよ！

❷ タンパク質はどうやってつくるんですか？

そう，それこそがこの項のテーマなんですよ！

「遺伝情報」は，DNA の塩基配列でしたね p.025 。この塩基配列に基づいてタンパク質が合成されます。では，具体的にそのしくみを学びましょう！

❸ あのぉ……，RNA って何ですか？

RNA が何かわからないと，タンパク質の合成は理解できないので，RNA について説明します。

RNA はリボ核酸という物質で，DNA と同様にヌクレオチドが鎖状につながった物質ですが，DNA よりもはるかに短い 1 本鎖のヌクレオチド鎖です。DNA のヌクレオチドに含まれる糖はデオキシリボースですが，**RNA のヌクレオチドに含まれる糖はリボース**です。また，**塩基にはチミン（T）がなく，かわりにウラシル（U）があります**。

糖がデオキシリボース（deoxyribose）だから，デオキシリボ核酸 DNA で，糖がリボース（ribose）だから，リボ核酸 RNA なんですよ！

RNA，わかりましたっ！

では，改めまして……，タンパク質の合成過程では RNA が重要なはたらきをしています。

- **STEP1　転　写**

DNA の塩基配列の一部を写し取るように RNA を合成する過程です。転写について知っておく必要のあるルールは次のとおりです。

ルール 1

(1)　DNA の一方のヌクレオチド鎖が転写される。

➡ DNA の転写される領域では，DNA の 2 本鎖がほどけ，その一方の鎖が転写されて RNA が合成される。

(2)　転写の際，DNA の一方の鎖に相補的な塩基をもつ RNA のヌクレオチドが結合し，RNA がつくられていく。

➡ DNA の塩基が A，T，G，C ならば，それぞれに対して U，A，C，G の塩基をもつヌクレオチドが結合する。

では，転写のイメージを次の図で確認しましょう。

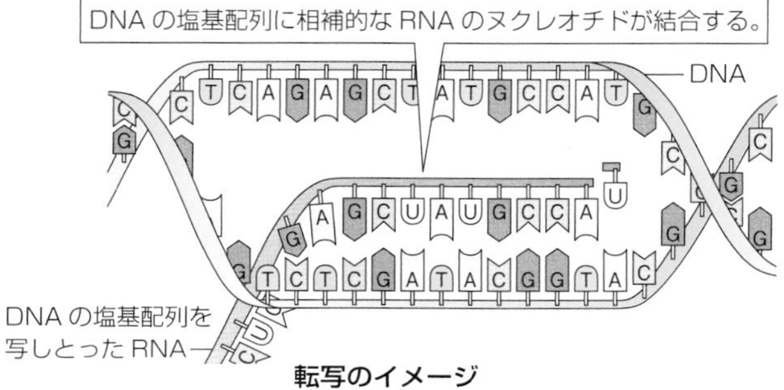

転写のイメージ

ここで転写についての問題演習をしてから，次のステップに進みましょう。

例題 3

ある遺伝子では図のような塩基配列の領域があり，図中の上側の鎖を左から右に向かって転写している。

A G T C G T T A C

T C A G C A A T G

この領域から合成される mRNA の塩基配列を，合成される順に左から右に向かって書いたものとして適当なものを，一つ選べ。

① AGTCGTTAC　② TCAGCAATG

③ AGUCGUUAC　④ UCAGCAAUG

解答　④

解説

RNA にはチミン（T）が含まれませんので，①と②はあてはまりません。リード文中の「上側の鎖を左から右に向かって転写」に気をつけましょう。上側の A には U，G には C……とつながっていきますので，④の塩基配列になりますね。

• **STEP2　翻　訳**

転写によって合成された RNA を mRNA といい，**mRNA の塩基配列に**

よって合成されるタンパク質のアミノ酸の種類と配列順序（＝アミノ酸配列）が決まります。mRNA の塩基配列に基づいてタンパク質を合成する過程を翻訳といいます。翻訳について，次のルール 2 を押さえましょう。

ルール 2

mRNA の連続した塩基 3 個の配列（⬅コドンという）によって 1 つのアミノ酸を指定する。

➡ mRNA で AAA と並んでいたらアミノ酸 X，GAA ならばアミノ酸 Y, ACU ならばアミノ酸 Z, UCC ならば……，というイメージ。

⑤ DNA→RNA→タンパク質という順で読みとられるんですか？

そのとおりです。クリックは，遺伝情報は「DNA → RNA →タンパク質」と一方向に伝達されると考えました。このような考え方をセントラルドグマといいます。

DNA の遺伝情報によってつくられたタンパク質のはたらきによって，生物はさまざまな形質（⬅生物の形や性質）を発現します。この現象を形質発現（けいしつはつげん）といいます。

ヒトも含めた多細胞生物のからだは 1 つの受精卵が体細胞分裂をくりかえしてできますので，原則として，どの細胞にも同じすべての遺伝子が存在しています。しかし，分裂した細胞は骨や筋肉などの特定の細胞になっていきますね。この現象を「細胞の分化（ぶんか）」といいます。分化した細胞では，すべての遺伝子が常にはたらいているのではなく，細胞の種類や細胞のおかれた環境に応じて特定の遺伝子がはたらいているんですよ！　このような現象を選択的遺伝子発現（せんたくてきいでんしはつげん）といいます。

すい臓のランゲルハンス島 B 細胞ではインスリンの遺伝子，眼の水晶体（すいしょうたい）ではクリスタリンの遺伝子，皮膚などではコラーゲンの遺伝子，肝臓の細胞ではアルブミンの遺伝子……，というように，細胞ごとに特定の遺伝子がはたらいています。

第 1 章　生物と遺伝子

11 遺伝子についての実験・観察

❶ クローンヒツジをつくる実験とかのことですか？

確かにそれも重要な実験ですが……，ここでは，すべての教科書に載っており，実際に高校の授業で行われる可能性の高い２つの実験について解説します。

（1）DNA の抽出

さまざまな生物の細胞から DNA を抽出（ちゅうしゅつ）（⬅「とり出す」という意味）する実験です。これはかなり多くの高校で行われている実験で，材料として，鶏のレバーやブロッコリーを使うことが多いようです（注：著者調べ）。手順とその操作の目的などを順に説明していきます。

ⅰ）　材料を乳鉢（にゅうばち）に入れてすりつぶす。

ⅱ）　トリプシン水溶液を加え，さらに混ぜる。

➡タンパク質（⬅不純物）を分解します。

ⅲ）　食塩水を加えてよくかき混ぜ，湯せんして温めたあと，４枚重ねにしたガーゼでろ過する。

➡**DNA は温めた食塩水によく溶ける**ので，ろ過すると食塩水に溶けない物質（⬅これも不純物）を除去できます。

ⅳ）　ⅲの作業を何回かくりかえしたあと，ろ液を冷やし，氷冷したエタノールを静かに入れる。

➡**エタノールを加えると DNA が沈殿する**ので，ガラス棒などで巻きとることができます。

ⅳ）の操作で回収した物質が DNA であることは，**酢酸（さくさん）カーミン**，**酢酸（さくさん）オルセイン**，ヘマトキシリンなどによって染色することで確かめることができます。

単に操作を丸暗記してもおもしろくないので，それぞれの操作が何のために行われているのかを意識するとよいでしょう。

(2) パフの観察

ショウジョウバエなどの幼虫のだ腺細胞には，**ふつうの細胞の M 期に観察される染色体の 100 ～ 150 倍くらいの大きさ**の染色体があり，だ腺染色体とよばれます。

だ腺染色体を酢酸カーミンなどで染色すると，多数の縞模様が見られ，この縞模様の位置が遺伝子の位置に対応すると考えられています。**だ腺染色体の所々には膨らんだ部分があり，ここをパフといいます。**

化粧用品のパフと同じ語源です！　パフっとしてますね。

実験の手順はシンプルです！

i ） **スライドガラス上でショウジョウバエなどの幼虫の頭を押さえ，胴体部分をピンセットでつまみ，引き抜く。**

➡だ腺が頭部についたままとり出せます。

ii ） **適切な染色を施し，顕微鏡で観察する。**

RNA を染色する色素（⬅ピロニンなど）を用いるとパフの部分に色がつくことから，**パフの部分では RNA が盛んに合成されている**ことがわかります。

❷  **パフの場所では転写が行われているということですね!!**

ピンポ～ン，大正解！

受精卵から幼虫，さなぎ，成虫と変化していく際に，時間の経過とともにパフの位置を観察するとおもしろいことが起きます。**さっきまであったパフが消えたり，パフのなかった場所にパフが現れたりするんです。**これは，そのときそのときで転写している遺伝子が変化しているということを示しています。そうです，だ腺染色体を観察すると，**選択的遺伝子発現のようすを実際に目で見ることができる**んですね！

問題14

タンパク質は，生体内でDNAの遺伝情報に基づいて合成される。このとき，RNAは両者を橋渡しする役割を担う。DNAとRNAはともに塩基を含むが，それぞれを構成する塩基の種類は一部が異なる。DNAの遺伝情報はmRNAに［ア］される。mRNAの情報にしたがって，［イ］とよばれる過程によってタンパク質が合成される。

問1　下線部に関して，DNAとRNAとで異なる塩基の組合せとして最も適当なものを一つ選べ。

	DNAにあってRNAにない塩基	RNAにあってDNAにない塩基
①	アデニン	シトシン
②	アデニン	チミン
③	ウラシル	シトシン
④	ウラシル	チミン
⑤	シトシン	ウラシル
⑥	シトシン	チミン
⑦	チミン	ウラシル
⑧	チミン	シトシン

問2　上の文章中の空欄に入る語の正しい組合せを一つ選べ。

①ア．複製　イ．翻訳　②ア．複製　イ．転写　③ア．翻訳　イ．複製
④ア．翻訳　イ．転写　⑤ア．転写　イ．複製　⑥ア．転写　イ．翻訳

問題15

転写においては，遺伝情報を含むDNAが必要である。それ以外に必要な物質と必要でない物質との組合せとして最も適当なものを一つ選べ。

	DNAのヌクレオチド	RNAのヌクレオチド	DNAを合成する酵素	mRNAを合成する酵素
①	○	×	○	×
②	○	×	×	×
③	×	○	○	×
④	×	○	×	○

注：○は必要な物質を，×は必要でない物質を示す。

問題 16

タンパク質合成に関連する記述として最も適当なものを一つ選べ。

① 同じ個体でも，組織や細胞の種類によって合成されるタンパク質の種類や量に違いがある。

② 食物として摂取したタンパク質は，そのまま細胞内にとりこまれ，分解されることなく別のタンパク質の合成に使われる。

③ タンパク質はヌクレオチドが連結されてできている。

④ mRNA の塩基３つの並びが，１つのタンパク質を指定している。

問題 17

多細胞生物の個体を構成する細胞には様々な種類があり，これらは異なる性質や働きをもつ。このことの一般的な理由として最も適当なものを一つ選べ。

① DNA の量が異なる。

② 働いている遺伝子の種類が異なる。

③ ゲノムが大きく異なる。

④ 細胞分裂時に複製される染色体が異なる。

⑤ ミトコンドリアには，核とは異なる DNA がある。

問題 18

多細胞生物の各組織では，特定の遺伝子の［ア］の結果，組織ごとに異なるタンパク質がつくられている。例えば，ヒトのだ腺（だ液腺）の組織ではデンプンを分解する［イ］が盛んに合成されている。

文中の空欄に入る語をそれぞれ一つずつ選べ。

① 複製	② 分配	③ 発現	④ 合成
⑤ インスリン	⑥ ヘモグロビン	⑦ アミラーゼ	⑧ フィブリン

問題 19

遺伝情報の発現に関する次の文章中の［ア］に入る数値として最も適当なものを一つ選べ。

DNA の塩基配列は，RNA に転写され，塩基三つの並びが一つのアミノ酸を指定する。例えば，トリプトファンというアミノ酸は UGG という塩基三つの並びのみによって指定される。任意の塩基三つの並びがトリプトファンを指定する確率は［ア］分の 1 である。

① 4　② 6　③ 8　④ 16　⑤ 20　⑥ 32　⑦ 64

解答・解説

問題 14

正解 問1 ⑦　問2 ⑥

解説

問 1　RNA のヌクレオチドの**糖はリボース**，**塩基は A，U，G，C** の 4 種類です。

問 2　**複製は細胞周期のうちの S 期に行われる現象**でしたね。遺伝情報が発現する際，転写により mRNA をつくり，翻訳によってタンパク質をつくります。

問題 15

正解 ④

解説

転写では RNA を合成しますので，RNA のヌクレオチドと mRNA を合成する酵素が必要となります。

問題 16

正解 ①

解説

①は選択的遺伝子発現についての正しい記述です。②のように，コラーゲンを食べたからといってそれがそのまま皮膚のコラーゲンになるようなことはありません。③はヌクレオチドではなくアミノ酸，④はタンパク質ではなくアミノ酸ですね。

問題 17

正解 ②

解説

多細胞生物の個体を構成する細胞は**どれも同じ遺伝情報をもっていますが，細胞の種類によって働いている遺伝子が異なります。**

問題 18

正解 ア ③ イ ⑦

解説

遺伝子を転写，翻訳してタンパク質を合成することを「**遺伝子の発現**」といいます。**だ腺の細胞は消化酵素であるアミラーゼを盛んに合成**していますね。

問題 19

正解 ⑦

解説

RNA のヌクレオチドのもつ塩基は A，U，G，C の 4 種類なので，**任意の塩基三つの配列は 4 × 4 × 4 = 64 種類あります**。64 種類の中でトリプトファンを指定する配列は UGG のみですので，任意の塩基三つの配列がトリプトファンを指定する確率は 64 分の 1 となりますね。

思考力と判断力を要する実験問題対策①

転写と翻訳の過程を試験管内で再現できる実験キットが市販されている。この実験キットでは，まず，タンパク質Gの遺伝情報をもつDNAから転写を行う。次に，転写を行った溶液に，翻訳に必要な物質を加えて反応させ，タンパク質Gを合成する。タンパク質Gは，紫外線を照射すると緑色の光を発する。mRNAをもとに翻訳が起こるかを検証するため，この実験キットを用いて，下図のような実験を計画した。図中の ア ～ ウ に入る語句の組合せとして最も適当なものを一つ選べ。

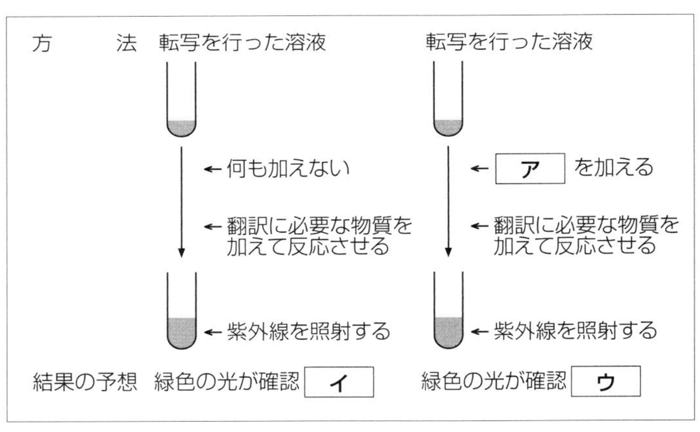

	ア	イ	ウ
①	DNAを分解する酵素	される	されない
②	DNAを分解する酵素	されない	される
③	mRNAを分解する酵素	される	されない
④	mRNAを分解する酵素	されない	される
⑤	mRNAを合成する酵素	される	されない
⑥	mRNAを合成する酵素	されない	される

正解　③

解説

図の一番上にある**「転写を行った溶液」にはタンパク質GのmRNAが含まれています**ね。左側の実験では，そこに翻訳に必要な物質を加えて反応させているだけですので，タンパク質Gがチャンと合成されます。よって，この試験管に紫外線を照射すると，タンパク質Gが緑色の光を発します。

一方，右側の実験では何を入れたのでしょう？

まったく手がかりがないように思えるのですが・・・

そういうときは，選択肢を分析してみましょう！　左側の実験を分析したことで，［イ］には「される」が入ることが決まりました。ということは，［ウ］には「されない」が入るんです。つまり，右側の実験では，タンパク質Gが合成されなかったんですね。

では，「転写を行った溶液」に何を入れればタンパク質Gが合成できなくなるでしょうか。DNAを分解する酵素を加えて**DNAを分解しても，既に合成されているmRNAを翻訳することでタンパク質Gを合成できます**ね。

一方，mRNAを分解する酵素を加えて，**タンパク質GのmRNAを分解してしまうと，タンパク質Gが合成できなくなります**。

このように，選択肢を見ながら考察を進めていく必要がある問題も出題されています！

コラム 生物基礎では，なぜこの３つの分野を学ぶのか？

生物学にはさまざまな分野がありますが，生物基礎では「生物と遺伝子」「生物の体内環境の維持」「生物の多様性と生態系」という３つの分野を学びます。この３つの分野の特徴は，私たちの生活に大きく関わっていることです。

残念ながら，世の中には「怪しい健康食品」「怪しい医療」「怪しい情報」などがたくさん存在しています。しかし，生物基礎で学ぶレベルの知識があれば，大抵のものは見抜けると思うんです。

例えば，コラーゲンたっぷりの牛肉を食べたとしましょう。そのコラーゲンがそのままあなたの皮膚になりませんよね？ **コラーゲンはタンパク質ですから，消化酵素によってアミノ酸まで分解されて，アミノ酸として吸収されますね**。もちろん，そのアミノ酸を使ってコラーゲンをつくるかもしれませんが，別のタンパク質の材料になるかもしれませんし，エネルギー源として消費されるかもしれません。

ある病気に対する予防接種をしても，その病気を発症してしまうこともあり得ますよね？ **予防接種によって発症する可能性は大幅に下げられたとしても，ゼロになるわけではありません**。「予防接種をしたのにインフルエンザにかかった！」なんていう書きこみをインターネット上で見ると，判断を誤ってしまう人もいるでしょう。でも，免疫についての基礎知識をもっていれば，ちゃんと判断できますよね。

このように，生物基礎は生活，健康，医療などに関わる内容を扱っています。「生物基礎を勉強して，将来の役に立つの？」という質問に対しては，自信をもって「**Yes！**」です。みなさんはさまざまな理由で生物基礎を選択されたことと思います。「受験のために……」はもちろんですが，**「将来の役に立つんだ！」と思って勉強すると，興味がもてますし，暗記などもしやすくなります**よ。

第2章

生物の体内環境の維持

この章では，何よりも「自分のからだについて学んでいるんだ！」と，興味をもつことが大事です。覚えなくてはいけない項目の多い分野ですが，興味がもてれば自然とインプットできます。

この分野は，ストーリーをイメージできるようになることがポイントです。フィードバック調節の流れをイメージできますか？　獲得免疫の流れをイメージできますか？　腎臓での尿生成の流れをイメージできますか？　ストーリーをイメージできるように，図をよ～く見ながら学習しましょう。

12 体液とその循環

Point Check 体液の循環

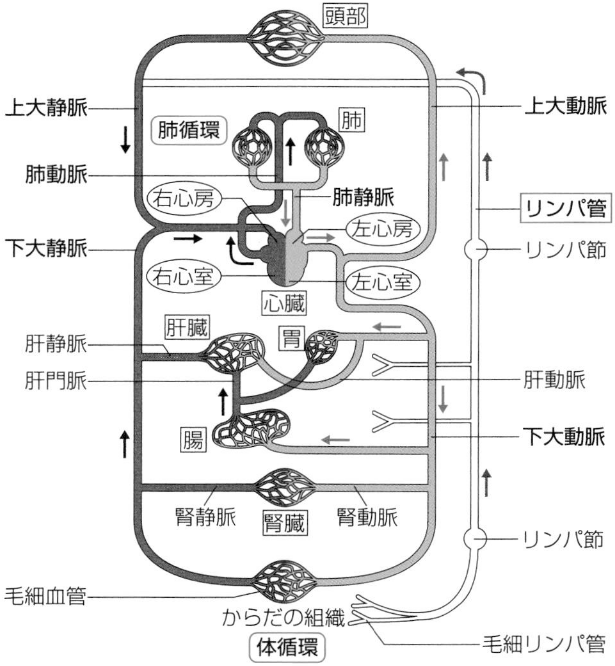

頭部
上大静脈
肺循環
肺
上大動脈
肺動脈
右心房
肺静脈
リンパ管
下大静脈
左心房
リンパ節
右心室
左心室
心臓
肝臓
胃
肝静脈
肝門脈
肝動脈
腸
下大動脈
腎静脈
腎臓
腎動脈
リンパ節
毛細血管
からだの組織
体循環
毛細リンパ管

❶ 「体液」って何ですか？　汗は？……血液は??

とりあえず，結論は「血液は体液だが，汗は違う」です！

体液**というのは，体内にあり細胞のまわりに存在している液体**，つまり，細胞外液のことで，血液，組織液，リンパ液の３種類があります。**血管の中の体液が血液，リンパ管の中の体液がリンパ液，それ以外の組織内で細胞をとり巻いている体液が組織液**です。そのまんまの名前ですね。

体液は細胞にとっての環境といえることから，体液のことを体内環境ともいいます。動物は体内環境を安定に保つ恒常性（＝ホメオスタシス）という性質をもっています。

❷ 「血液」は何となくわかるんですが…

血液は，有形成分である赤血球，白血球，血小板と，液体成分である血しょうからなります。血液の重さは体重の約 13 分の 1（≒ 7.7%）で，そのうち約 45% が有形成分，約 55% が血しょうです。

有形成分	核の有無	数〔個/mm³〕	主なはたらき
赤血球	なし	400 万～ 500 万	酸素の運搬
白血球	あり	4000 ～ 8000	免疫
血小板	なし	10 万～ 40 万	血液凝固
液体成分	**構成成分**		**主なはたらき**
血しょう	水（約 90%），タンパク質（約 7%），グルコース（約 0.1%）		物質の運搬

上の表は，ヒトの血液の各成分についての数やはたらきをまとめたものです。数値は個人差がありますが，個数についての「**赤血球＞血小板＞白血球**」という関係は，絶対に覚えてくださいね。また，ヒトの場合，**有形成分では白血球だけが核をもっています**。なお，**どの有形成分も骨髄でつくられます**。

血しょう中に溶けているタンパク質にはいろいろなものがありますが，インスリン，グルカゴンといった一部のホルモン p.072，抗体 p.086，アルブミンなどが代表例ですね。

❸ 血液，組織液，リンパ液の 3 つはどういう関係なんですか？

血しょうの一部は毛細血管 p.056 から浸み出して組織液になります。組織液は組織の細胞との間で物質の交換をすると，**多くは毛細血管から血管へともどり，血しょうになります**。一部の組織液はリンパ管へ入り，リンパ液になります。**リンパ管は鎖骨下静脈と合流するので，リンパ液は最終的に血液の一部になりますね。**

❹ 「血管」については，何を理解しておいたらいいですか？

血管には**動脈**，**静脈**，**毛細血管**などがあります。動脈は心臓から送り出された血液が流れ，血管壁に強い圧力がかかるので，**血管が厚く丈夫な構造**をしています。静脈は心臓にもどる血液が流れ，**逆流を防ぐための弁が存在**しています。動脈と静脈をつなぐ血管が毛細血管で，**1層の内皮細胞からなり，血管内外の物質の移動は毛細血管で行われています**。

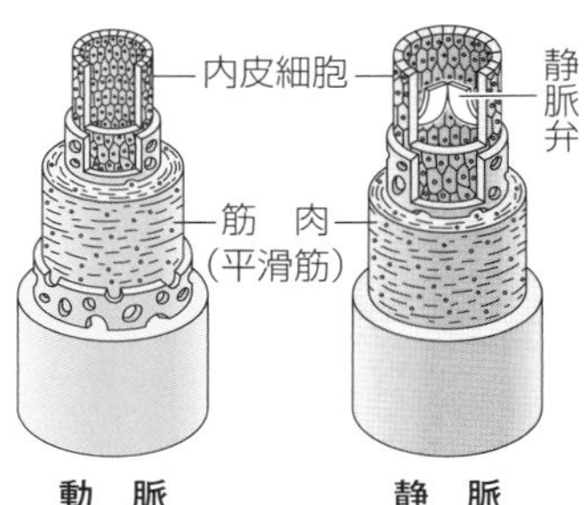

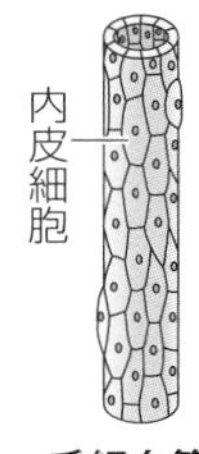

門脈（両側を毛細血管で挟まれた太い血管）という血管もあります。門脈の例としては，肝門脈が有名です。小腸などを通った血液を肝臓に送る血管ですね。

なお，血管をもつ動物の中には毛細血管をもたない動物もいるんです！　例えば，バッタやアサリなどです！　**毛細血管をもたない血管系を開放血管系**といい，哺乳類やミミズのように**毛細血管をもつ血管系を閉鎖血管系**といいます。

❺ 心臓のはたらきは「血液を送り出す」ということですか？

OKです！　哺乳類の心臓には右心房，右心室，左心房，左心室の4部屋があり，**右心室からは肺動脈へ，左心室からは大動脈へ血液が送り出されます**。また，**全身からもどってきた血液は右心房へ，肺からもどってきた血液は左心房に入ります**。54ページの Point Check の図をよく見ておいてくださいね。なお，心房と心室の間，心室と動脈の間には逆流を防ぐための弁が存在しています。

練習問題

問題20

問1　体内環境に関連して，健康なヒトにおける赤血球数および血糖濃度の値の組合せとして最も適当なものを一つ選べ。

	赤血球数	血糖濃度		赤血球数	血糖濃度
①	50万個 /mm^3	0.01%	②	50万個 /mm^3	0.1%
③	500万個 /mm^3	0.01%	④	500万個 /mm^3	0.1%

問2　ヒトの循環系に関する記述として最も適当なものを一つ選べ。

① 動脈と静脈と毛細血管からなる開放血管系である。

② 体循環と肺循環の血液は，心臓内で混ざり合う。

③ 体循環では，血液は左心室から出て左心房にもどる。

④ 左心室から動脈に，右心室から静脈に，血液が送り出される。

⑤ リンパ液は，リンパ管の中を心臓から体の末端に向かって流れる。

⑥ 静脈には弁があり，血液が逆流しにくい。

解答・解説

問題20

正解　問1 ④　問2 ⑥

解説

問1　55ページの表の内容を確認する設問です。血糖濃度の正常値（0.1% ≒ 1mg/mL）はとても大事な値なので，覚えておきましょう。

問2　哺乳類（ほにゅうるい）の血管系は毛細血管のある閉鎖血管系ですので，①は誤りです。また，**哺乳類の心臓には心房と心室が２つずつ**あり，体循環の血液と肺循環の血液は混ざり合わないので，②も誤りです。**体循環では血液が左心室から出て，組織を通り，右心房にもどります**。よって，③も誤りですね。

体循環でも肺循環でも，**心臓から血液を送り出す血管は動脈**なので，④も誤りです。そして，**リンパ液はからだの末端側から心臓に向かって流れ**，鎖骨下静脈に合流するので，⑤も誤りです。

第2章 生物の体内環境の維持

13 血液のはたらき

Point Check 酸素解離曲線

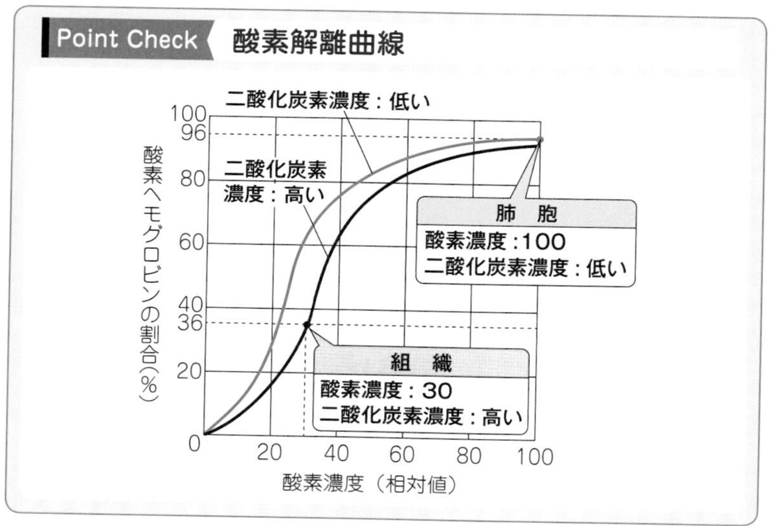

❶ 血液は，どうやって酸素を運んでいるんですか？

赤血球の中にあるヘモグロビンという**タンパク質に酸素を結合させて運んでいる**んですよ！　ヘモグロビンは酸素濃度が高い環境では酸素とよく結合し，酸素濃度が低い環境では酸素を離すという特徴をもっています。よって，**肺で酸素と結合して，組織で酸素を離す**ということができるんですね。

酸素濃度によってヘモグロビンと酸素の結合する割合，つまり酸素ヘモグロビンの割合がどのように変化するかをグラフにしたものが上の**酸素解離曲線**（さんそかいりきょくせん）です。酸素濃度が高いと酸素と結合しやすい……，というヘモグロビンの性質をよく表しているグラフだと思いませんか？

❷ 二酸化炭素濃度も影響するんですかっ!?

そうなんです。**二酸化炭素濃度が高い条件では，同じ酸素濃度でもヘモ**

グロビンは酸素と結合しにくくなります。だから，二酸化炭素濃度が高い条件のときのグラフの方が下側にあるでしょ！

「**酸素濃度が低く，二酸化炭素濃度が高い環境では，ヘモグロビンは酸素と結合しにくい**」ということですね。

③ ケガをしたときに血が固まるのは，なぜですか？

何でもないときに血が固まってしまったら困りますね。ですから，血管が傷ついたときにだけ血液が凝固するようなしくみがあります。

血管が傷つくと，その場所に血小板が集まってきます。そして，血小板から放出される物質や血しょう中の物質のはたらきによって，**フィブリンという繊維状のタンパク質**がつくられます。**フィブリンが血球を絡めて血ぺいという塊をつくり，この血ぺいが傷口をふさいで止血**します。

> フィブリン（fibrin）の語源は fiber（繊維）です。
> そのまんまの名前なので覚えやすいですね！

血ぺいができるようすは，採血した血液を静置しておくことでも観察できます（下の図）。このとき，血ぺいが沈殿するんですが……，薄い黄色をしている上澄みの液体を**血清**といいます。

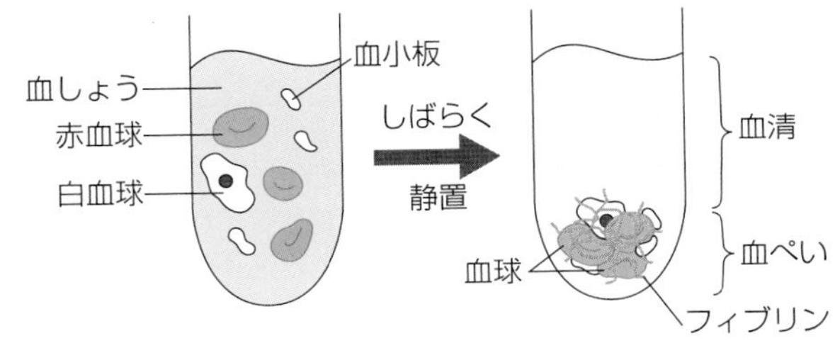

④ 傷口をふさいでいた血ぺいはどうなるんですか？

いい質問ですね。**血管が修復されていくと，血ぺいは徐々に溶けていきます**。この現象は線溶とか，フィブリン溶解なんてよばれています。いつまでも血ぺいがあると邪魔ですからね。邪魔せんようにね♪

問題21

図は酸素解離曲線である。2つの曲線は，1つは肺胞，もう1つは肺胞以外の組織と同等の二酸化炭素濃度のもとで測定した結果である。下の記述①～⑥のうち，ヘモグロビンの性質と酸素・二酸化炭素の血中運搬に関する正しい記述を二つ選べ。

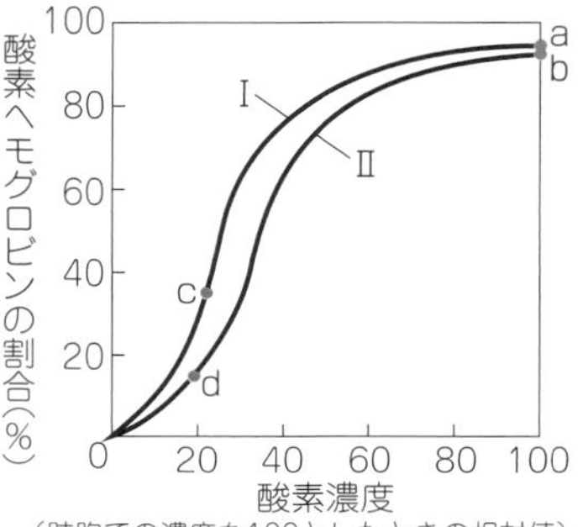

① 肺胞の酸素ヘモグロビンの割合は，点 b で示される。

② 肺動脈を流れる血液の酸素ヘモグロビンの割合は，点 c で示される。

③ 二酸化炭素濃度が高い条件で測定されたのは曲線IIである。

④ 組織では，ad 間の酸素ヘモグロビン量の差だけ，酸素が解離する。

⑤ 組織では，bc 間の酸素ヘモグロビン量の差だけ，酸素が解離する。

⑥ 組織では，bd 間の酸素ヘモグロビン量の差だけ，酸素が解離する。

問題22

肺胞での酸素ヘモグロビンの割合は95%，組織での酸素ヘモグロビンの割合は45%のとき，組織に運ばれてきた酸素のうちの何%がヘモグロビンから解離して供給されたことになるか。最も適当なものを一つ選べ。

① 45%　② 50%　③ 53%　④ 55%

問題23

次の文中の空欄に入る語の組合せとして適当なものを一つ選べ。

血小板は止血にかかわる血液成分であり血液 $1mm^3$ ($1\mu L$) あたり約［ ア ］万個含まれる。血管が傷つくと，血小板はその部位に集まり，傷をふさぐ。続いて，血小板などから放出される物質のはたらきにより，水に溶けにくい［ イ ］が形成されて［ ウ ］と絡まり，血液凝固が起こる。

	ア	イ	ウ		ア	イ	ウ
①	3	アルブミン	血球	②	3	アルブミン	血しょう
③	3	フィブリン	血球	④	3	フィブリン	血しょう

⑤	30	アルブミン	血球	⑥	30	アルブミン	血しょう
⑦	30	フィブリン	血球	⑧	30	フィブリン	血しょう

解答・解説

問題 21

正解 ③，④

解説

二酸化炭素濃度が高い条件では，酸素ヘモグロビンの割合が低下しますね。よって，③の記述が正しいことがわかります。**肺胞は酸素濃度が高く，二酸化炭素濃度が低い**ので，曲線Ⅰの点aが肺胞での酸素ヘモグロビンの割合を示しています。また，**肺動脈を流れる血液は静脈血**で，二酸化炭素濃度が高いので，点cではなく点dで示されます。

肺胞と組織での酸素ヘモグロビンの割合は，それぞれ点aと点dで示されることになるので，組織で解離する酸素は両者の差，つまり点ad間の酸素ヘモグロビン量の差ということになります。

問題 22

正解 ③

解説

「組織に運ばれてきた酸素のうち」という表現がポイントです。肺胞で酸素と結合していない5%も含めて，**全ヘモグロビンの中で酸素を解離した割合**は95－45＝50〔%〕ですが，**酸素ヘモグロビンの中で酸素を解離した割合**は$\frac{95-45}{95}\times100\fallingdotseq53$〔%〕ですね。「組織に運ばれてきた酸素のうち」ということは，後者の計算になります。

問題 23

正解 ⑦

解説

血小板の数は55ページを参照してください。**フィブリンが血球を絡(から)めて血ぺいができる**，という流れをしっかりと押さえておきましょう！

14 肝臓と腎臓のはたらき

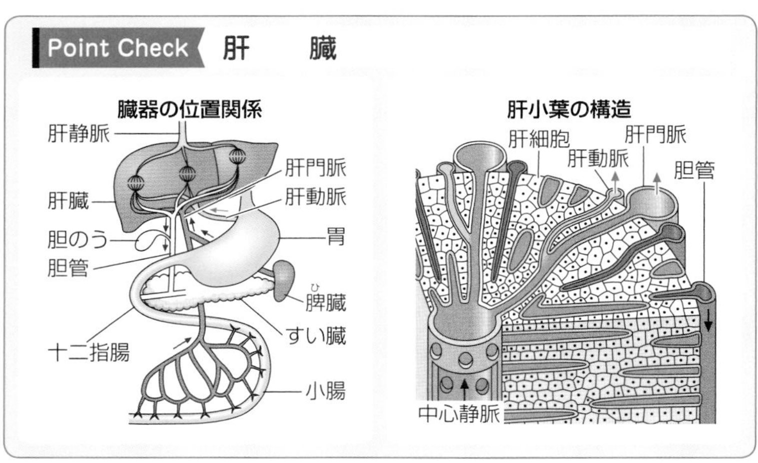

❶ ところで，肝臓はどこにあるんですか？

右の脇腹のあたりにあります！　上に大まかな臓器の配置の図をのせたので，だいたいの位置関係を押さえておきましょう。

肝臓は成人で 1.2 ～ 2.0kg もあり，最大の内臓器官です。肝臓には**肝動脈**と**肝門脈**から血液が流入し，**肝静脈**から血液が流出します。**流入する血液の量は肝門脈の方が肝動脈の約 4 倍**もあります！

肝門脈を流れる血液は，小腸などを通過した血液なので，静脈血ですよ！

❷ 肝臓はどんなことをする臓器なんですか？

肝臓のはたらきはものすごくいっぱいあって，語りつくせません！　**重要なはたらき TOP5** を紹介します。これだけでも肝臓がいかに重要な臓器か，十分に感じてもらえると思います。

（1）血しょう中に含まれるさまざまなタンパク質の合成

➡アルブミン（⬅さまざまな物質と結合して，それを運ぶタンパク質）や血液凝固にかかわるタンパク質などを合成する。

（2）血糖濃度 p.074 **の調節**

➡小腸から吸収されたグルコースが肝門脈を通り肝臓に入ると，肝細胞内でグリコーゲンにして貯蔵する。**血糖濃度が低下したときに，グリコーゲンを分解してグルコースをつくり，血液中に放出する。**

（3）尿素（にょうそ）の合成

➡アミノ酸を分解した際に生じる**有害なアンモニアを，毒性の低い尿素に変える。**

※アンモニア以外にもさまざまな物質に対して解毒（げどく）を行う。

（4）胆汁（たんじゅう）の生成

➡胆汁は胆管（たんかん）を通して十二指腸に分泌され，**脂肪の消化を助ける。**

（5）古くなった赤血球の破壊

➡赤血球の分解産物は胆汁中に排出される。

肝臓は英語で liver，肉の部位ではレバーだね。

❸「肝小葉」って，何ですか？

肝小葉（かんしょうよう）は肝臓の基本単位です。**肝小葉は約 50 万個の肝細胞からなり，サイズは約 1mm** です（注：Point Check の図は肝小葉の 4 分の 1 です）。**肝臓には肝小葉が約 50 万個含まれています**。覚えやすいですね！

肝小葉の中心には中心静脈（ちゅうしんじょうみゃく）という静脈が，周囲には肝門脈と肝動脈があります。よって，**血液は肝小葉の外側から内側に向かって肝細胞の間の血管**（⬅類洞（るいどう）といいます）を流れます。

また，肝小葉の周囲には胆管があって，肝細胞でつくられた胆汁は，肝細胞の間の細い胆管(⬅細胆管といいます)を通って，胆管に向かいます。「血液の流れる方向と胆汁の流れる方向が逆」と覚えるとよいでしょう！！

❹ 腎臓は尿をつくる臓器ですね!?

正解！　腎臓は腹部の背側に左右1対存在します。右の図のような構造をしていて，腎動脈，腎静脈，輸尿管という3本の管が接続しています。**腎臓内でつくられた尿は腎うに溜められ，輸尿管によって膀胱に運ばれます**！

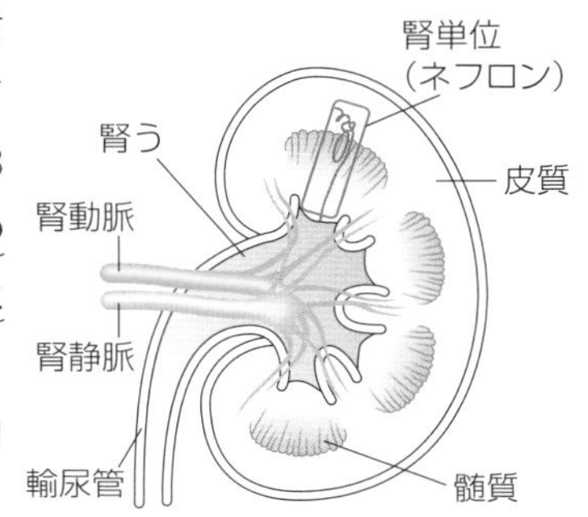

腎臓の皮質と髄質には腎単位（ネフロン）という尿をつくる基本構造があり，**1つの腎臓に腎単位が約100万個もあります**。**腎単位は腎小体と細尿管（腎細管）からなり，腎小体は毛細血管が球状に密集した糸球体と糸球体を包みこむボーマンのうという袋状の構造からなります**。ややこしいので整理しましょう！

腎単位＝腎小体＋細尿管＝糸球体＋ボーマンのう＋細尿管

腎臓は英語で kidney，インゲンマメは英語で kidney bean です！　腎臓みたいな形をした豆ですね。

❺ 腎臓では，どうやって尿をつくるんですか？

尿はろ過と再吸収という2つのステップによってつくります。順に見ていきましょう！

(1) ろ　過

血液が糸球体を通る際，**血球やタンパク質以外の成分**（⬅水，グルコース，ナトリウム，……）が血圧によってボーマンのうにこし出されます。これをろ過といいます。ボーマンのうにこし出された液体を原尿といいます。

ろ過される物質については血しょう中の濃度と原尿中の濃度は等しいとみなすことができます！

(2)　再 吸 収

原尿はボーマンのうから細尿管へと送られます。原尿が**細尿管**を通る間に，水やグルコース，ナトリウムといった有用な物質は周囲の毛細血管へと再吸収されます。**健康なヒトの場合，グルコースは 100% 再吸収される**んですよ！　一方，老廃物などはあまり吸収されないため，濃縮されます。

細尿管を通った原尿は集合管(しゅうごうかん)に集まり，ここでさらに水が再吸収されて尿になり，つくられた尿は腎うに一時的に溜(た)められます。

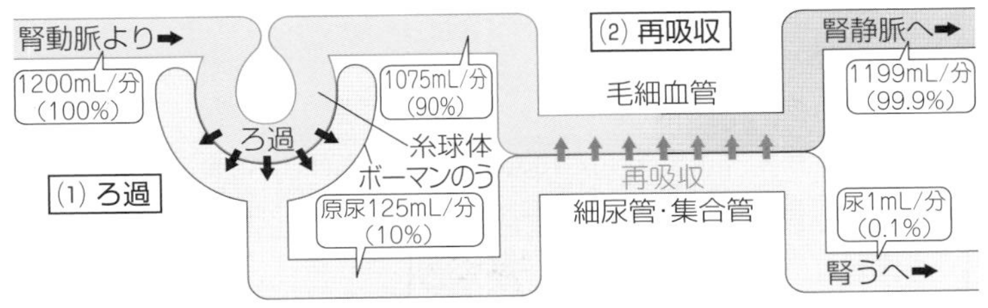

6　「濃縮率」って何ですか？

各物質について$\dfrac{\text{尿中濃度}}{\text{血しょう中濃度}}$を**濃縮率**(のうしゅくりつ)といいます。老廃物はあまり再吸収されずに排出されるので，濃縮率が大きな値になりそうだと思いませんか？

7　「濃縮率」って大事なんですか??

ろ過されるけど，**全く再吸収などされない物質**（⬅イヌリンなど）**の濃縮率を使うと，原尿量が求められます**。イヌリンは全く再吸収されないので，「ろ過量＝排出量」の関係が成立します。一定時間における原尿量と尿量をそれぞれA〔mL〕，B〔mL〕とします。原尿中のイヌリン濃度と尿中のイヌリン濃度をそれぞれx〔mg/mL〕，y〔mg/mL〕とすると，$A \times x = B \times y$，つまり$A = B \times \dfrac{y}{x}$となります。「**原尿量＝尿量×イヌリンの濃縮率**」という関係になっていますね！

問題24

肝臓には，二つの血管を通して血液が流れこむ。一つは心臓からの血液が流れる［ア］であり，もう一つは［イ］などからの血液が流れる［ウ］である。これらの血流は肝臓の毛細血管で合流し，肝細胞にさまざまな物質を運ぶ。

問1　肝臓のはたらきに関する記述として最も適当なものを一つ選べ。

① 有害な物質である尿素をアンモニアに変える。
② 赤血球のヘモグロビンを分解してグロブリンに変える。
③ 脂肪を分解するホルモンを十二指腸に分泌する。
④ グリコーゲンの分解を促すホルモンを血中に分泌する。
⑤ 脂肪の消化を助ける胆汁を生成する。

問2　文中の空欄に入る語の組合せとして最も適当なものを一つ選べ。

	ア	イ	ウ		ア	イ	ウ
①	肝門脈	腎臓	肝動脈	②	肝門脈	消化管	肝動脈
③	肝門脈	腎臓	肝静脈	④	肝動脈	消化管	肝静脈
⑤	肝動脈	腎臓	肝門脈	⑥	肝動脈	消化管	肝門脈

問題25

右図はヒトの腹部横断面を模式的に表したものである。

図中の**ア**〜**カ**のうち，肝臓を示すものはどれか。最も適当なものを一つ選べ。

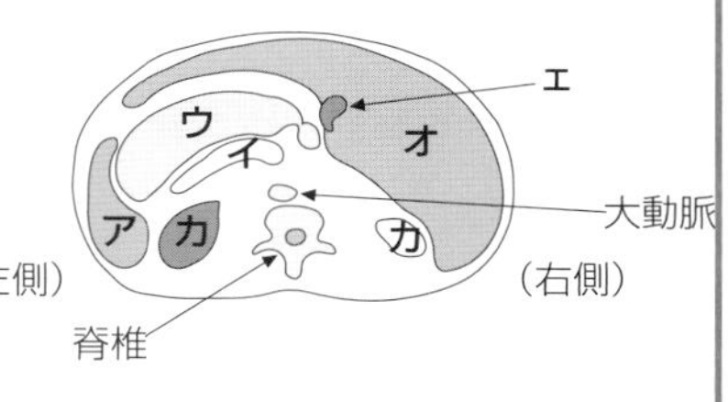

① ア　② イ　③ ウ　④ エ　⑤ オ　⑥ カ

問題 26

ヒトの肝臓の機能についての記述の組合せとして最も適当なものを一つ選べ。

ⓐ タンパク質を合成し，血しょう中に放出する。
ⓑ 胆汁を貯蔵し，十二指腸に放出する。
ⓒ 尿素を分解し，アンモニアとして排出する。
ⓓ 発熱源となり，体温の保持に関わる。

① ⓐ，ⓑ　② ⓐ，ⓒ　③ ⓐ，ⓓ
④ ⓑ，ⓒ　⑤ ⓑ，ⓓ　⑥ ⓒ，ⓓ

問題 27

腎臓において，それぞれ物質が再吸収される効率は，濃縮率で表すことができる。表は，健康なヒトにおけるさまざまな物質の血しょう中の濃度（質量パーセント），原尿中および尿中に含まれる1日あたりの量と，濃縮率を示している。表の空欄に入る数値の適当な組合せを一つ選べ。

物質名	血しょう〔%〕	原尿〔g/日〕	尿〔g/日〕	濃縮率
水	91.0	170000	1425	1
タンパク質	7.5	ア	0	0
グルコース	0.1	イ	0	0
尿　素	0.03	51	27	ウ
クレアチニン	0.001	1.7	1.5	100

	ア	イ	ウ		ア	イ	ウ
①	0	0	60	②	0	0	900
③	0	170	60	④	0	170	900
⑤	13000	0	60	⑥	13000	0	900
⑦	13000	170	60	⑧	13000	170	900

問題 28

鉱質コルチコイドの作用に関する次の文章中の ア ～ ウ に入る語句の組合せとして最も適当なものを一つ選べ。

鉱質コルチコイドの作用でナトリウムイオンの再吸収が促進されると，尿中のナトリウムイオン濃度は ア なる。このとき，腎臓での水の再吸収量が[イ]してくると，体内の細胞外のナトリウムイオン濃度が維持される。その結果，徐々に体内の細胞外液（体液）の量が[ウ]し，それに伴って血圧が上昇してくると考えられる。

	ア	イ	ウ
①	低　く	増　加	増　加
②	低　く	増　加	減　少
③	低　く	減　少	増　加
④	低　く	減　少	減　少
⑤	高　く	増　加	増　加
⑥	高　く	増　加	減　少
⑦	高　く	減　少	増　加
⑧	高　く	減　少	減　少

解答・解説

問題 24

正解　問1 ⑤　問2 ⑥

解説

問1　肝臓では**アンモニアを尿素に変え**たり，**古くなった赤血球を破壊し**たりします。ヘモグロビンを分解してできる物質は**ビリルビン**です。また，**脂肪の消化を助ける胆汁を十二指腸に向けて放出**します。しかし，④のようなはたらきはしません。

問2　62 ページを読んでください！

問題 25

正解　⑤

解説

62 ページで，「肝臓が右の脇腹のあたりにあります」と書いてありました。そして，肝臓は最大の内臓器官ですね。以上より，**右側にある大きな臓器であるオが肝臓**と分かります。参考までに，アは**脾臓**，イは**すい臓**，ウは**胃**，エは**胆のう**，カは**腎臓**です。

問題 26

正解 ③

解説

胆汁を貯蔵するのは胆のうですよ〜！

問題 27

正解 ③

解説

厳密な計算をせずに解くのがコツですよ！　タンパク質はろ過されないので**ア**は０です，グルコースはろ過されるので**イ**は０ではありません。尿素とクレアチニンの量を見比べて……，**尿素の方が再吸収されている割合が高いので，濃縮率が小さくなる**ということを見抜ければ OK ！

問題 28

正解 ①

解説

ナトリウムイオン（Na^+）の再吸収が促進されると，**尿中に排泄される Na^+ の量が減少し，尿中の Na^+ 濃度は低下します**。これだけだと体液中の Na^+ 濃度が上昇しちゃいますね。どうやったら体液の Na^+ 濃度を維持（≒元に戻す）できますか？　そうです，**水の再吸収も促進すれば，体液の Na^+ 濃度を下げられます**ね！　このとき，**水の再吸収によって体液の量が増加します**ので，血圧が高まるんですね。

鉱質コルチコイドには尿量を減少させる働きがありますが，**バソプレシンのように体液の濃度を低下させるわけではない**ことがこの文章から読みとれますね。

15 自律神経

Point Check 自律神経系の分布

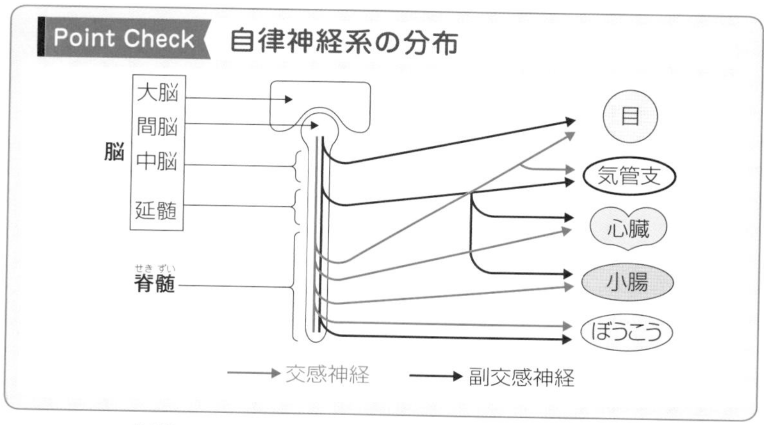

❶ 自律神経っていう言葉は聞いたことあるんですが……

自律神経っていうのは，体温とか血糖濃度とか心臓の拍動とか……，からだの基本的なはたらきを**意志とは無関係**に調節してくれる大事な大事な神経です。

自律神経には交感神経と副交感神経の２種類があり，ともに間脳の視床下部によって調節されています。交感神経は活動時や興奮時に，副交感神経は食後や休息時などのリラックスした状態ではたらきます。このイメージは非常に重要で，このイメージがあれば自律神経のはたらきの大部分を暗記できますよ♪

対象となる器官	交感神経	副交感神経
ひとみ（瞳孔）	拡大	縮小
心臓の拍動	促進	抑制
気管支	拡張	収縮
消化管の運動	抑制	促進
膀胱の運動（排尿）	抑制	促進
立毛筋	収縮	分布していない

食後すぐに激しい運動したら，お腹が痛くなるのは，副交感神経がはたらいて消化をがんばらないといけないタイミングで，交感神経がはたらいちゃうからだね！

❷ 心臓の拍動は，速くなったり，遅くなったりしますが……

では，心臓の拍動調節のしくみを少し詳しく学びましょう！　通常，心臓は規則正しいリズムで拍動してますね？　心臓にはみずから一定のペースで拍動する性質があり，この性質を**自動性**といいますが，これは**右心房にある洞房結節（ペースメーカー）のはたらきのおかげ**なんです。

運動すると**血液中の二酸化炭素濃度が高まり，これを延髄**（⬅脳の一部です！）**が感知すると，交感神経が洞房結節にはたらきかけて拍動を促進**します。逆に，血液中の二酸化炭素濃度が低下すると，副交感神経が洞房結節にはたらきかけて拍動を抑制します。

例題 4

自律神経についての記述として最も適当なものを一つ選べ。

① 副交感神経はすべて脊髄から出て，内臓諸器官に分布する。

② 交感神経は気管支を拡張させる。

③ 副交感神経は立毛筋を収縮させる。

④ 運動すると交感神経がはたらき，心臓の拍動が抑制される。

解答　②

解説

①については前ページの Point Check の模式図を見てください！　交感神経はすべて脊髄から出て，副交感神経は一部が脊髄の下部から，大部分が脳（中脳や延髄）から出ていますね。

副交感神経は立毛筋には分布していませんので，③は誤りです。また，運動したときは心臓の拍動が促進されますね？　だから，④も誤りです。知識というよりは，常識。運動すればわかりますね♪

16 ホルモン①

Point Check ホルモンとそれを受けとる標的細胞の特異性

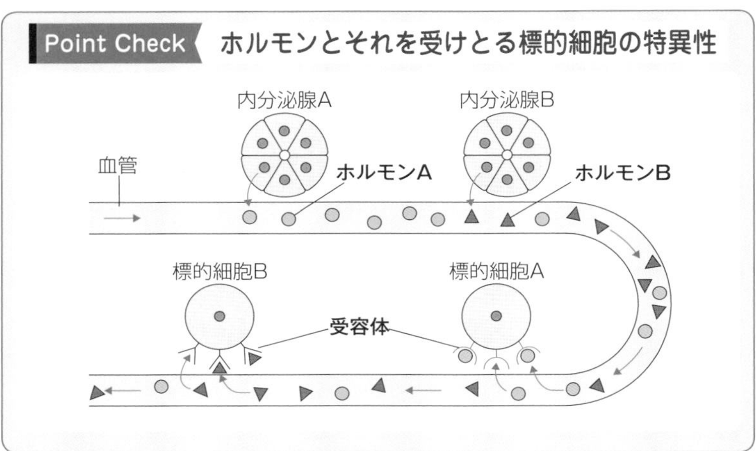

❶ 焼肉のホルモンの単元でないことはわかっています！

それがわかっていれば十分 OK ですよ！

ホルモンは**内分泌腺**から血液中に分泌されて，特定の器官の細胞（**標的細胞**）に特異的に作用し，その細胞のはたらきを調節します。上の図のように，**ホルモンは血液によって全身に運ばれますが，標的細胞だけがホルモンの受容体をもつので，標的細胞だけに作用することができる**んですよ！

内分泌腺の例としては，**脳下垂体**，**甲状腺**，**副腎**，すい臓などがあります!!

❷ 「脳下垂体」ですか？　聞いたことないです……

間脳の視床下部とその下にある**脳下垂体**はホルモン分泌調節において超重要な部位です。脳下垂体には**前葉**と**後葉**があり，次のページの図のように毛細血管が存在します。

前葉は視床下部からの血管を介してホルモンによって支配されています。

後葉から分泌されるホルモンといえば，バソプレシンですよね？

神経分泌細胞というホルモンを分泌する神経細胞が視床下部から後葉の血管まで伸びています。後葉まで伸びているこの神経細胞がバソプレシンを合成・分泌する細胞です。バソプレシンはこの細胞の核のある部位でつくられて，細胞内を後葉まで運ばれて，後葉の血管に分泌されます。

バソプレシンが合成される場所は視床下部，分泌される場所は脳下垂体後葉ということです!!!

③ ホルモンの分泌はどうやって調節しているんですか？

もちろん，生体にはホルモンの分泌をちゃんと調節するしくみがありますよ！　そのしくみを，**フィードバック調節**といいます。

チロキシンの分泌調節を例に説明しますね。

視床下部から**甲状腺刺激ホルモン放出ホルモン**が分泌され，これが脳下垂体前葉に作用すると**甲状腺刺激ホルモン**が分泌されます。そして，これが**甲状腺**に作用すると，甲状腺から**チロキシン**が分泌されます（下の図）。

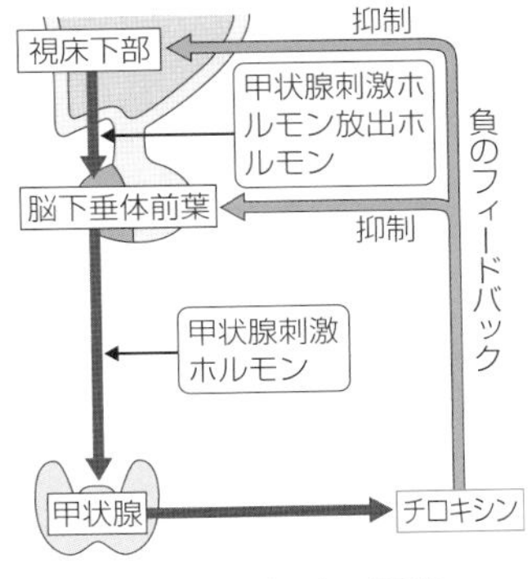

フィードバックの調節

このようにチロキシンの分泌が促進され，体液中のチロキシン濃度が高まると，**チロキシンが視床下部や脳下垂体前葉に作用して，ホルモンの分泌を抑制する**んです！「十分にチロキシンがあるから，もういらないよ～！」っていうイメージかな？

こんな感じで，**最終産物や最終産物による効果が最初の段階にもどって全体を調節することがフィードバック調節**です！フィードバック調節のなかでも，**「何か変化が起きたら，それを元にもどす（最終的なはたらきを抑制する）ように調節する」ものを，特に負のフィードバック調節といいます**。

多くのホルモンは，負のフィードバック調節によって，その分泌量が調節されています！

17 ホルモン②

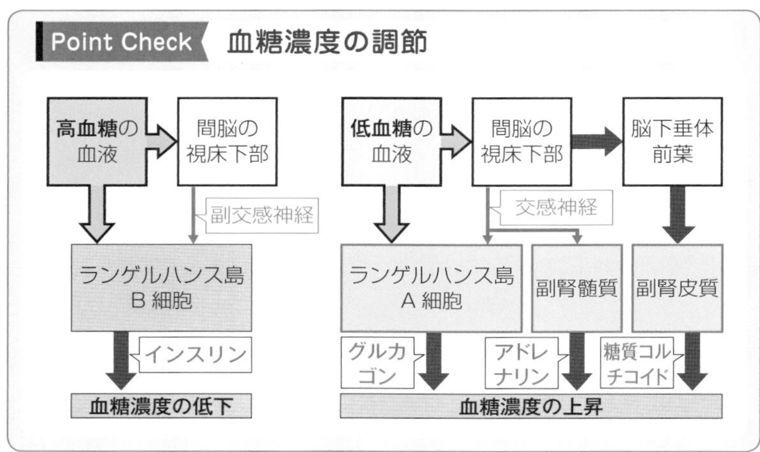

❶ 今回は糖尿病に関するテーマですか？

そのとおりです！　そもそも「血糖濃度」ってわかりますか？　**血糖濃度というのは，血しょう中のグルコース濃度のこと**です。約0.1%が正常値です。

食後に血糖濃度が上昇すると，これを**間脳の視床下部が感知**します。すると，副交感神経によってすい臓のランゲルハンス島B細胞が刺激され，インスリンが分泌されます。インスリンは**グルコースの細胞内へのとりこみや消費を促進**するとともに，**肝臓でのグルコースからグリコーゲンの合成を促進**して，血糖濃度を低下させます。なお，ランゲルハンス島自身が血糖濃度の上昇を感知してインスリンを分泌することもできます。

グリコーゲンは，グルコースがたくさん結合した物質です！

運動などによって**血糖濃度が低下すると，やはり間脳の視床下部に感知されます**。血糖濃度が低下するということは，本当にヤバいんです！　ですから，さまざまな方法で血糖濃度を上昇させます。血糖濃度を上昇させる重要な３つのルートを紹介しますね。前ページの Point Check の図を見ながらじっくりと読み進めてください！　血糖濃度調節のしくみは覚えるのが大変ですが，手を動かしながらがんばって覚えてくださいね！

(1) 交感神経によってランゲルハンス島 A 細胞を刺激し，グルカゴンを分泌させます。**グルカゴンはグリコーゲンを分解してグルコースをつくり，血糖濃度を上昇させます**。なお，ランゲルハンス島は直接，血糖濃度の低下を感知してグルカゴンを分泌することもできます！！

(2) 交感神経によって副腎髄質(ふくじんずいしつ)を刺激し，アドレナリンを分泌させます。**アドレナリンもグリコーゲンを分解してグルコースをつくり，血糖濃度を上昇させます**。

(3) さらに，視床下部から副腎皮質刺激ホルモン放出ホルモン(ふくじんひしつしげき)が分泌され，これを受容した脳下垂体前葉から副腎皮質刺激ホルモンが分泌されます。そして，これを受容した副腎皮質から糖質(とうしつ)コルチコイドが分泌されます。**糖質コルチコイドはタンパク質からグルコースをつくり，血糖濃度を上昇させます**。

❷ ……で，糖尿病っていうのはどういう病気なんですか？

糖尿病(とうにょうびょう)**というのは，血糖濃度が高くなったまま，正常値にもどらなくなってしまう病気**です。グルコースは腎小体 p.064 でろ過されます。血糖濃度が高くなると，グルコースをすべて細尿管で再吸収しきれず，尿中に排出されてしまいます。それで，糖尿病という名前なんです。

糖尿病の原因はさまざまなのですが，大きくⅠ型糖尿病とⅡ型糖尿病があります。**Ⅰ型糖尿病はランゲルハンス島 B 細胞が破壊されることが原因**で発症し，**Ⅱ型糖尿病はその他に原因がある**糖尿病です。例えば，標的細胞がインスリンに応答できなくなる場合などはⅡ型糖尿病です。

Ⅰ型糖尿病は，ランゲルハンス島 B 細胞を免疫細胞が破壊してしまう自己免疫疾患(めんえきしっかん) p.088 が主な原因です。

3 体温調節についても，整理してください。

まずは，次の図を見てください。

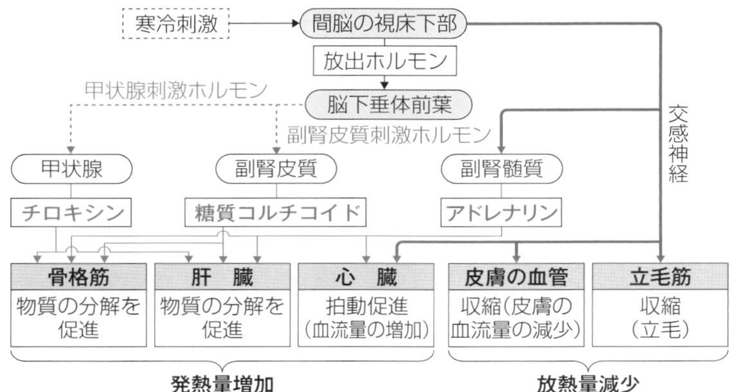

寒いときの体温調節

4 寒い場合のしくみだけ覚えればいいんですか!?

「これだけでいいか？」といわれると，微妙ですが……。体温調節は原則として寒いときに体温の低下を防ぐしくみです。**「発熱量を増加させる」「放熱量を減少させる」という２つのアプローチで体温を上昇させます**。

「発熱量増加」については，ホルモンや交感神経によって代謝を促進するイメージです。

「放熱量減少」については，ちょっと説明が必要ですね。皮膚の血管を収縮させて**体表付近を流れる血流量が減少すると，血液から体外に熱が逃げにくくなります**。**立毛筋が収縮すると毛が立ってフカフカの状態になり熱が逃げにくくなります**。「鳥肌（とりはだ）が立った！」というのが立毛筋の収縮した状態です。

問題29

問1　自律神経系とグルカゴンによる血糖量の調節に関して，次の文中の空欄に入る語の組合せとして最も適当なものを一つ選べ。

血糖量が［ア］すると，［イ］が刺激されて，［ウ］神経が興奮する。その結果，すい臓のランゲルハンス島のA細胞からグルカゴンが分泌され，血糖量が［エ］する。

	ア	イ	ウ	エ
①	増　加	視床下部	交　感	減　少
②	増　加	視床下部	副交感	減　少
③	増　加	脳下垂体	交　感	減　少
④	増　加	脳下垂体	副交感	減　少
⑤	減　少	視床下部	交　感	増　加
⑥	減　少	視床下部	副交感	増　加
⑦	減　少	脳下垂体	交　感	増　加
⑧	減　少	脳下垂体	副交感	増　加

問2　血液中のグルコース量を増加させるはたらきをもつホルモンとして最も適当なものを一つ選べ。

① セクレチン　② インスリン　③ パラトルモン
④ バソプレシン　⑤ アドレナリン

問題30

器官のはたらきの調節についての次の文中の空欄に入る語句の組合せとして最も適当なものを一つ選べ。

［ア］は，［イ］が増加すると，［ウ］される。

	ア	イ	ウ
①	すい臓からの インスリンの分泌	交感神経の活動	促進
②	肝臓でのグルコースの分解	副腎皮質からの 糖質コルチコイドの分泌	促進
③	肝臓でのグリコーゲンの合成	すい臓からの グルカゴンの分泌	促進

第2章　生物の体内環境の維持

④	脳下垂体前葉からの 甲状腺刺激ホルモンの分泌	甲状腺からの チロキシンの分泌	抑制
⑤	心臓の拍動	副腎髄質からの アドレナリンの分泌	抑制
⑥	胃の運動	副交感神経の活動	抑制

問題 31

ア<u>われわれの体温は，気温の変化や激しい運動などにもかかわらず，一定に保たれている</u>。このようなはたらきをイ<u>恒常性という</u>。寒いところでは体温を保つために，[1]神経がはたらいて，末梢（まっしょう）の血管が[2]し，体表からの熱の放散を抑（おさ）えている。さらにウ<u>ホルモンが分泌されて肝臓や筋肉などの代謝が盛んになり，熱が発生する</u>。

問1 前の文中の[1]・[2]に入る正しい語を一つずつ選べ。

① 交　感　② 感　覚　③ 副交感　④ 運　動
⑤ 放　出　⑥ 拡　張　⑦ 分　泌　⑧ 収　縮

問2 下線部**ア**の中枢はどこにあるか。正しいものを一つ選べ。

① 延髄　② 間脳　③ 中脳　④ 小脳　⑤ 大脳

問3 下線部**イ**とは異なるはたらきについての記述を一つ選べ。

① 運動をしたら，甘いものがほしくなった。
② 塩からいものを食べたら，のどが渇いた。
③ 100m を走ったら，息が荒くなった。
④ ひざ頭の下をたたいたら，足が前に上がった。
⑤ 勉強をしたら，おなかがすいた。

問4 下線部**ウ**のはたらきをするホルモンとそのホルモンをつくる組織・器官の正しい組合せを一つ選べ。

	ホルモン	組織・器官
①	バソプレシン	視床下部
②	成長ホルモン	甲状腺
③	インスリン	小　腸
④	グルカゴン	副腎皮質
⑤	アドレナリン	副腎髄質
⑥	糖質コルチコイド	腎　臓

問題 29

正解 問1 ⑤　問2 ⑤

解説

問1　**グルカゴンは血糖濃度を上昇させる**ホルモンなので，⑤～⑧のいずれかがあてはまります。血糖濃度が低下した際には**交感神経のはたらきによりグルカゴンが分泌されます**ね。そして，**自律神経は視床下部によって調節されています**！　重要な知識ばかりです !!

問2　①の**セクレチン**は，**十二指腸から分泌されて，すい液の分泌を促進する**などのはたらきをもつホルモンで，はじめて発見されたホルモンです。③の**パラトルモン**は**副甲状腺**から分泌され，**血液中のカルシウム濃度を上昇させる**ホルモンです。

問題 30

正解 ④

解説

チロキシンによるフィードバック調節について，正確に理解できていれば④が正しいと判断できます。①は**イ**が「副交感神経」なら正しく，③は**ア**が「グリコーゲンの分解」なら正しく，⑤と⑥は**ウ**が「促進」なら正しいです。なお，糖質コルチコイドはタンパク質からのグルコースの合成を促進するので，②は誤りです。

問題 31

正解 問1 [1] ①，[2] ⑧　問2 ②　問3 ④　問4 ⑤

解説

問1，2　76ページの体温調節のしくみをチェックしてください！

問3　④は中学で習った「膝蓋腱反射（しつがいけん）」という現象で，体性神経による反応です。これ以外は体内環境の変化に対応した現象ですね。①と⑤は血糖濃度の低下に対して，②は体液の塩分濃度の上昇に対して，③は体液中の二酸化炭素濃度の上昇に対しての反応です。

問4　ホルモンと組織・器官の組合せが正しいものは①と⑤しかありません。バソプレシンは体温上昇に関係しないので，正解は⑤となります。

18 体液濃度の調節

Point Check 魚類の体液濃度の調節

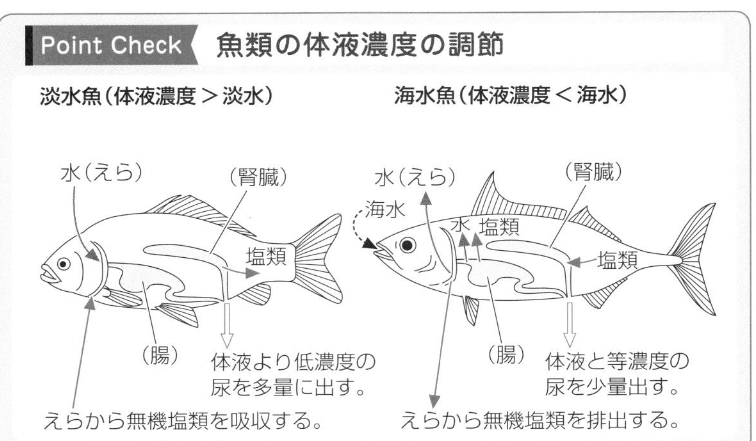

❶ 淡水魚がドンドンふくらまないのはすごいことですよね!?

すばらしい指摘です！　淡水魚（⬅コイ，メダカ，……）の体液濃度は淡水（＝外液）よりも高く，**水が体内にドンドン入る傾向にあります**。ですから，**淡水魚は腎臓で多量の低濃度の尿をつくり**，水をドンドン体外へと排出しています。また，尿によって塩分が失われてしまうので，**えらの細胞から塩分を積極的にとりこんでいます**。

❷ じゃあ，海水魚がドンドン縮まないのも，すごいことですよね!?

では，海水魚（⬅マグロ，タイ，サンマ……）についても学んでいきましょう。

海水魚の体液濃度は海水よりも低く，約３分の１くらいなんです。よって，**水は体外に失われる傾向にあります**。だから，海水魚は腎臓で**多くの水を再吸収し，尿量を減らしています**。当然，淡水魚よりも濃度の高い尿をつくることになるのですが……，魚って自身の体液よりも濃い尿をつくれないんです。ですから，精一杯，全力で濃い尿，つまり**体液と等濃度の尿をつくっています**！　また，水分が失われてしまいますから，**海水を飲んで**

水分を補給します。しかし，このとき過剰な塩分もとりこまれてしまうので，**えらから積極的に塩分を排出**しています。

丸暗記ではなく，論理的に覚えるのがポイントですよ♪

③ 体液濃度の調節はヒトでもしていますよね？

そのとおりです！　塩分を摂取したり，汗をかいたりして**体液濃度が上昇すると，これを間脳視床下部が感知し，脳下垂体後葉からバソプレシン** p.067 **が分泌されます**。バソプレシンは腎臓の集合管**における水の再吸収を促進**し，体液に水がもどるようになるので，体液濃度が低下します。これとは逆に，水を飲むなどして**体液濃度が低下した場合には，バソプレシンの分泌が抑制されます**。

例題 5

海水産硬骨魚では，体液の濃度が海水よりも低いので，体内の水分はたえず失われている。このため海水を飲んで腸から水分を吸収し，体内に入った余分な塩分をえらから積極的に排出する。一方，腎臓では尿からの水分の損失を抑えるために，［ア］の［イ］の尿を排出する。陸上の脊椎(せきつい)動物では，主に腎臓が体液の濃度調節をしている。

問１　文中の空欄に入る語の組合せとして最も適当なものを一つ選べ。

	ア	イ		ア	イ
①	多量	体液よりも低濃度	②	少量	体液よりも低濃度
③	多量	体液と等濃度	④	少量	体液と等濃度
⑤	多量	体液よりも高濃度	⑥	少量	体液よりも高濃度

問２　バソプレシンの作用として最も適当なものを一つ選べ。

① 水分の再吸収を促進し，体液の濃度を上げる。
② 水分の再吸収を促進し，体液の濃度を下げる。
③ 水分の再吸収を抑制し，体液の濃度を上げる。
④ 水分の再吸収を抑制し，体液の濃度を下げる。

解答　問１ ④　問２ ②

解説

問１，２　ともに，このセクションの内容をそのまま問う設問です！　がんばって復習してくださいね！

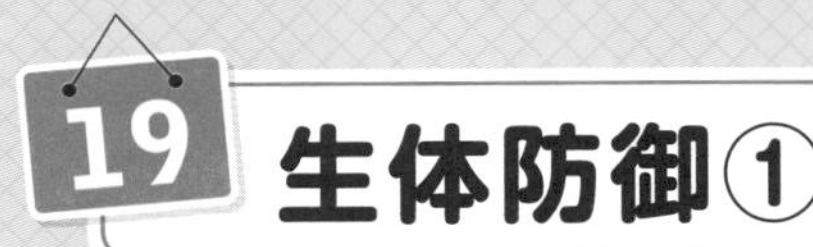

19 生体防御①

Point Check 生体防御の 3 段階

STEP1	STEP2	STEP3
物理的・化学的防御(ぼうぎょ)	自然免疫	適応免疫(てきおうめんえき)(獲得免疫)
異物の侵入を防ぐ！	白血球の食作用などで異物を排除！	リンパ球がはたらき，特異的に異物を排除！

❶ **伊藤先生！　風邪はもう治ったんですか？**

おっ，ありがとう！　僕の優秀な白血球たちのお陰でもうすっかり元気になったよ。そこで（強引ですが），**免疫**(めんえき)について学ぼう！

そもそも「免疫」という単語にどんなイメージがあるかな？

❷ **免疫は，「病気を治すしくみ」っていうイメージですが……**

もちろん，それも免疫！　丁寧(ていねい)に説明すると，**異物の侵入を防いだり，侵入した異物を排除したりするはたらき**のことを免疫といいます。免疫にはさまざまな種類の白血球がかかわります。次の表に，免疫にかかわる代表的な細胞をあげました！

細胞名	特徴やはたらき
好中球	活発に**食作用**を行う。
マクロファージ	活発に食作用などを行う。大型の細胞。
樹状細胞(じゅじょうさいぼう)	食作用を行い，ヘルパー T 細胞に**抗原提示**(こうげんていじ)をする。
T 細胞	リンパ球の一種。獲得免疫にかかわる。
B 細胞	リンパ球の一種。獲得免疫にかかわり，**抗体**(こうたい)を産生する。
NK 細胞	リンパ球の一種。自然免疫において，ウイルスに感染した細胞などを破壊する。

表の細胞はどれも白血球なので，骨髄でつくられます p.055 。しかし，**T 細胞は骨髄でつくられたあと，胸腺へ移動して成熟することではたらけるようになります**。

胸腺は英語で「thymus」。だから T 細胞という名前です！
NK 細胞はナチュラルキラー細胞！ 「natural killer」です！

リンパ管 p.054 には，所々にリンパ節という場所があります。**リンパ節や脾臓にはリンパ球が多く存在しており，免疫にかかわる細胞どうしの連絡**（←抗原提示など）**が盛んに行われています**。

3 免疫にはどんなしくみがあるんですか？

免疫については，3 つのステップを意識すると，うまく理解できます！
STEP1 は物理的・化学的防御です。異物の体内への侵入を防ぐイメージね。例えば，**皮膚の表面には角質層っていう死んだ細胞が積み重なった層があります**。ウイルスは生きた細胞にしか感染できないし，角質層は水分がほとんどないので細菌も増殖できません。角質層のお陰で異物が侵入しにくくなっています。また，**汗や涙の中にはリゾチームという細菌の細胞壁を壊してしまう酵素やディフェンシンという細菌の細胞膜を壊すタンパク質が含まれている**し，**皮膚の表面は弱酸性**（pH3 ～ 5）に保たれており，多くの病原体の増殖が抑制されています。皮膚って，すごいでしょ !?

気管支の表面の細胞は**繊毛という毛を動かして，気管支まで侵入してきた異物を体外に送り出します**。また，**咳**やくしゃみなんかも異物を体外に送り出す重要な手段ですね。

まだまだあります！　食物に付着している病原体ってかなり多いんですよ！　しかし，胃液が待ちかまえています。**胃液は塩酸が溶けていて pH2 の強酸性ですので，ほとんどの病原体はこの酸によって死んでしまい，腸までたどり着けません**。かなり念入りな物理的・化学的防御のしくみをもっています。

④ STEP1 を突破されたら，STEP2 ですね。

そのとおり。

STEP2 は**自然免疫**といって，**体液中に侵入してきた異物に対して非特異的に白血球が攻撃**していきます！

自然免疫において最も重要な現象は，一部の白血球による**食作用**です。食作用は下の図のイメージです。**細胞膜をダイナミックに動かして異物を包みこんで，とりこみます。そして，とりこんだ異物を酵素で分解**します。

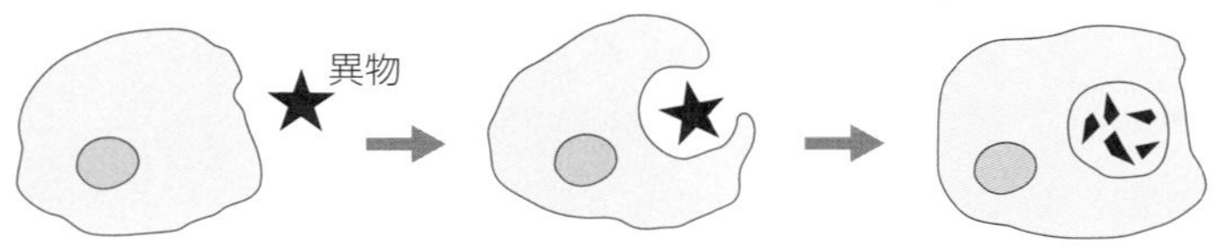

この食作用を盛んに行う細胞（⬅**食細胞**という）として**好中球**，マクロファージ，**樹状細胞**があります。

好中球は異物が侵入すると，現場に速攻で駆けつけて食作用をします。そして，とりこんだ異物とともに死んでいくという健気なヤツです。**この好中球が死んだものが膿**です。

マクロファージは大型の白血球で，盛んに食作用をするとともに，他の細胞に対してはたらきかけてさまざまな免疫反応を引き起こすはたらきをします。感染部位で病原体を認識して活性化した**マクロファージは，周囲の毛細血管を拡張させ，血管壁の細胞どうしの結合をゆるめます**。血管が拡張すると血流が増えますので，白血球が集まりやすくなります。また，血管壁がゆるんだことで白血球が血管内から組織内へと出ていきやすくなり，感染部位での免疫反応が強まります。

樹状細胞も食作用をする食細胞ですが，**樹状細胞には抗原提示というスーパー重要なはたらきがあります**。これについては **STEP3** で説明します。

食作用のほかに**炎症**を起こす反応なども自然免疫に含まれます。**自然免疫の特徴は「非特異的」に異物を攻撃すること**です。

血液中の単球が血管を出て，組織中に移動するとマクロファージになります。
macro- は「大きい」，食作用は英語で「phagocytosis」ということで，マクロファージという名前になります。

5  **いよいよ，最後の砦ですね！**

やってまいりました，STEP3 は適応免疫（獲得免疫）です。**適応免疫は「特異的」に異物を認識して攻撃**します。そして，**適応免疫には免疫記憶ができるという特徴があります**。「一度かかった病気には再度かかりにくくなる」という現象がありますよね？　そのイメージが重要なんですよ。

詳しくは次のテーマ 20 で学びます！　その前に，免疫にかかわる器官について，整理しておきましょう。

リンパ管は全身の組織に張りめぐらされており，組織液の一部が流れこみます。リンパ管の途中には多数のリンパ節があり，最終的には鎖骨下静脈で血管に合流します。**リンパ節には非常に多くのリンパ球が集まっており，適応免疫が起こる主要な場です**。組織中の異物がリンパ管に集められ，リンパ節で排除されるイメージです。

脾臓はリンパ系最大の臓器で，血管が多く分布しています。ここも多くのリンパ球が集まっていて，免疫反応（⬅特に，血液中の異物に対する免疫反応）が盛んに行われている場所です。なお，**脾臓には古くなった血球を破壊するはたらきもあります**。

これら以外にも小腸にあるパイエル板や鼻の奥のあたりにある扁桃なども，盛んに免疫反応をしている場所として知られています。

20 生体防御②

Point Check 体液性免疫と細胞性免疫

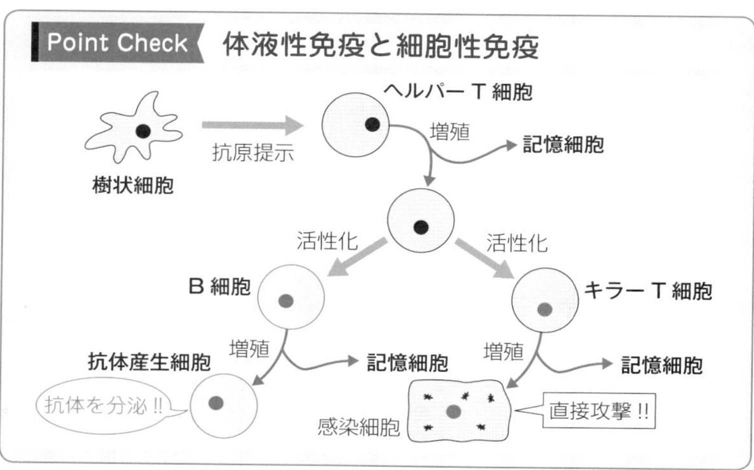

❶ 適応免疫には，2 種類あるんですか？

適応免疫には**体液性免疫**，**細胞性免疫**という 2 種類の反応があります。適応免疫を引き起こす異物を，特に**抗原**といいます。

体液性免疫の大まかな流れは次のとおりです。

(1) 樹状細胞は抗原を食作用で処理すると活性化し，リンパ節に移動して，**抗原の情報をヘルパー T 細胞に伝える**（抗原提示）。

(2) ヘルパー T 細胞は，**抗原に対応する B 細胞を刺激して活性化して，分裂を促進し，B 細胞は抗体産生細胞**（形質細胞）**に分化する**。

(3) 抗体産生細胞は**抗体**（⬅**免疫グロブリンというタンパク質**）**を分泌し，抗体が抗原と結合**（⬅**抗原抗体反応**）**して抗原を不活性化する**とともに，**複合体をつくる**。

(4) 抗原と抗体の複合体は，食細胞によりすみやかに排除される。

なお，体液性免疫の過程で活性化した**ヘルパー T 細胞や B 細胞の一部は抗原の攻撃に参加せず記憶細胞となり，体内に長期間残ります**。同じ抗原が再び侵入した際には，**記憶細胞がすばやくはたらくことができるので，一度目よりも速く大量の抗体をつくりだす**ことが可能になります！

続いて，細胞性免疫の大まかな流れは次のとおりです。

(1) 樹状細胞は抗原を食作用で処理すると活性化し，リンパ節に移動して，**抗原の情報をヘルパーT細胞に伝える**（抗原提示）。
(2) ヘルパーT細胞は，**抗原に対応するキラーT細胞を刺激して活性化し，分裂を促進する**。
(3) 活性化した**キラーT細胞は病原体に感染した細胞を殺す**。

細胞性免疫の過程で**増殖したヘルパーT細胞やキラーT細胞の一部も記憶細胞となり，体内に長期間残るので**，同じ抗原が再び侵入した際には，すばやく強い免疫応答をすることができます（二次応答）。

② 予防接種は記憶細胞をつくるのかっ！　感動（ToT）

そのとおり！　予防接種(せっしゅ)ではワクチン（⬅弱毒化した病原体やその産物のこと）を注射して，**記憶細胞をつくっておくことで，実際に病原体が侵入してきた際に発症や重症化を防ぐ**んです。

これとは別の話ですが，血清療法(けっせいりょうほう)って聞いたことありますか？　毒ヘビに咬(か)まれたときのように自分の免疫応答では間に合わないような状態のときに，**あらかじめ準備してある抗体を含む血清を投与して，抗原を排除する**医療行為のことです。これも重要なので，知っておいてくださいね。

③ はっくしょ～ん！　スギ花粉が……，アレルギーも免疫と聞きましたが…。

花粉症？　僕も数年前に花粉症デビューしちゃって春がつらいんだ（実話）。

免疫の機能が低下した場合はもちろんですが，過剰になってしまってもからだに不利益が生じるんです。エイズとアレルギーについて例をあげて説明します。

さまざまな原因で免疫力が低下すると，通常では発病しない病気が発病したりします。これを日和見感染(ひよりみかんせん)といいます。**HIV**（ヒト免疫不全ウイルス）**はヒトのヘルパーT細胞に特異的に感染し，破壊**してしまいます。よって，獲得免疫の機能が極端に低下し，日和見感染を起こしやすくなったり，が

第2章 生物の体内環境の維持

ん細胞が排除できなくなったりします。このHIV感染による病気をエイズ（AIDS，後天性免疫不全症候群）といいます。

> ウイルス感染が原因で，遺伝的なものではないので「後天性」です。後天性は英語でacquiredなので，AIDSです。
>
> 

さて，話題の花粉症ですが……，ご存知のとおり，アレルギーの一種です。アレルギーは，**外界からの特定の抗原に対して過剰な免疫応答が起こり，これがからだに不利益を与えること**です。アレルギーの原因となる抗原をアレルゲンといいます。スギやヒノキの花粉だけでなく，ピーナッツや卵といった食品などもアレルゲンとなります。アレルギーの症状としては，眼の痒み，鼻水，ぜんそく，じんましんなど，さまざまなものがあります。また，**全身に強い炎症が起こることがあり，このような症状を特に**アナフィラキシーショックといいます。

…（ムズムズ）…はっくしょん！！

❹ Ⅰ型糖尿病も免疫疾患ですよね!!

本来は，自己の物質に対しては免疫反応をしません。このように，特定の物質に対して免疫が起こらない状態を免疫寛容といいます。自己と非自己の識別がうまくできなくなって，**自己成分に対して免疫応答をしてしまうことがあり，これを**自己免疫疾患（自己免疫病）といいます。

有名な自己免疫疾患として，**ランゲルハンス島B細胞を攻撃することで血糖濃度が高くなってしまう**Ⅰ型糖尿病 p.075 がありますね。ほかには，手足の関節の細胞を攻撃することで関節に炎症が起きたり，変形したりしてしまう関節リウマチなんかも有名です。

❺ 免疫って，すごいですね！

そうですね。「生物基礎」で学ぶことを免疫の常識としてもっていれば，病気になったときに「体内で何が起こっているのか」の全体像がわかるし，適切な医療法を選択しやすくなりますね。

問題32

図はヒトの抗体産生のしくみについての模式的に表したものである。抗原が体内に入ると，細胞 **x** が抗原をとりこんで，抗原情報を細胞 **y** に伝える。それを受けて，細胞 **y** は細胞 **z** を活性化し，抗体産生細胞へと分化させる。

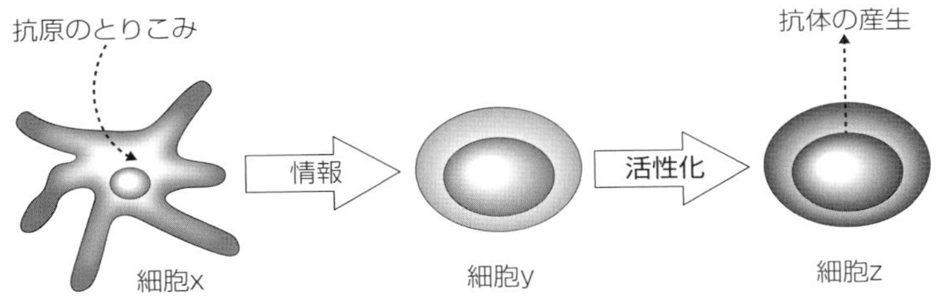

問1　細胞 **x**，**y** および **z** に関する次の記述**ア**～**エ**のうち，正しい記述を過不足なく含むものを一つ選べ。

ア 細胞 **x**，**y** および **z** は，いずれもリンパ球である。

イ 細胞 **x** はフィブリンを分泌し，傷口をふさぐ。

ウ 細胞 **y** は体液性免疫に関わるが，細胞性免疫には関わらない。

エ 細胞 **z** はB細胞であり，免疫グロブリンを産生するようになる。

①**ア**　②**イ**　③**ウ**　④**エ**　⑤**ア**，**ウ**　⑥**ア**，**エ**

⑦**イ**，**ウ**　⑧**イ**，**エ**　⑨**ウ**，**エ**

問2　アレルギーやエイズに関する記述として**誤っているもの**を一つ選べ。

① アレルギーの例として，花粉症がある。

② ハチ毒などが原因で起こるアナフィラキシーショックは，アレルギーの一種である。

③ 栄養素を豊富に含む食物でも，アレルギーを引き起こす場合がある。

④ HIV は，B細胞に感染することによって免疫機能を低下させる。

⑤ エイズの患者は，日和見感染を起こしやすくなる。

問題33

ヒトが同一の病原体にくりかえし感染した場合に産生する抗体の量の変化を表すグラフとして最も適当なものを一つ選べ。ただし，最初の感染日を0日目とし，同じ病原体が2回目に感染した時期を矢印で示している。

第2章　生物の体内環境の維持

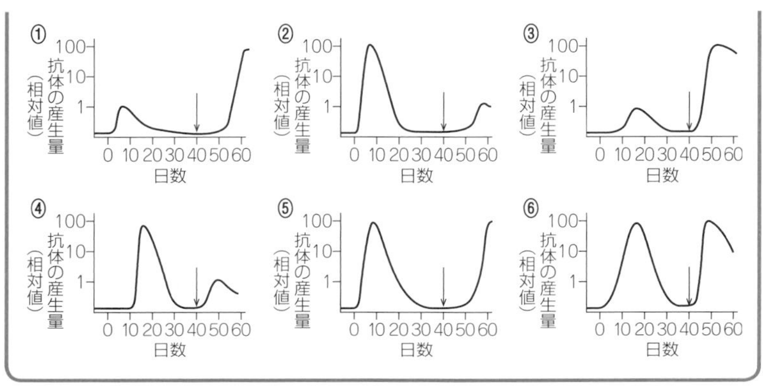

解答・解説

問題 32

正解 問1 ④　問2 ④

解説

問1　まずは細胞 x ～ z を特定しよう。体液性免疫の過程 p.086 と，リード文の記述より，**x が樹状細胞，y がヘルパー T 細胞，z が B 細胞です**。樹状細胞はリンパ球ではなく，フィブリンを分泌するというはたらきをもたないので，**ア**と**イ**の記述は誤りです。また，ヘルパー T 細胞は体液性免疫と細胞性免疫の両方にかかわることから，**ウ**の記述も誤りです。

問2　**HIV はヘルパー T 細胞に感染**します。

問題 33

正解 ③

解説

適応免疫では，免疫応答の過程で増殖した細胞の一部が記憶細胞になります。よって，同じ抗原が 2 度目に侵入した場合には，1 度目の反応（一次応答）よりも**速く大量の抗体をつくることができます**。このような 2 度目以降の免疫応答を二次応答といいます。

思考力と判断力を要する実験問題対策②

淡水にすむ単細胞生物のゾウリムシでは，細胞内は細胞外よりも塩類濃度が高く，細胞膜を通して水が流入する。ゾウリムシは，体内に入った過剰な水を，収縮胞という細胞小器官によって体外に排出している。ゾウリムシは，細胞外の塩類濃度の違いに応じて，収縮胞が1回の収縮あたりに排出する水の量ではなく，収縮する頻度を変えることによって，体内の水の量を一定の範囲に保っている。

問　ゾウリムシの収縮胞の活動を調べるため，**実験**を行った。予想される結果のグラフとして最も適当なものを一つ選べ。

実験　ゾウリムシを0.00%（蒸留水）から0.20%まで濃度の異なる塩化ナトリウム水溶液に入れて，光学顕微鏡で観察した。ゾウリムシはいずれの濃度でも生きており，収縮胞は拡張と収縮を繰り返していた。そこで，1分間あたりに収縮胞が収縮する回数を求めた。

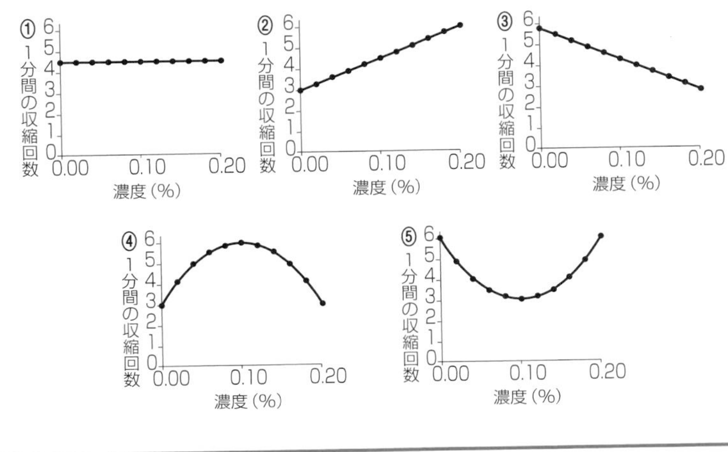

正解　③

解説

赤血球を蒸留水に入れると，赤血球が吸水して破裂するよね。

教科書に載っている実験ですね！
赤血球が破裂することを溶血（ようけつ）っていうんでしたね。

そうそう！　**細胞内の液体の濃度と細胞外の液体の濃度が異なる場合，水は濃度の高い側へと移動します。**そして，濃度の差が大きいほどドンドンと水が移動します！

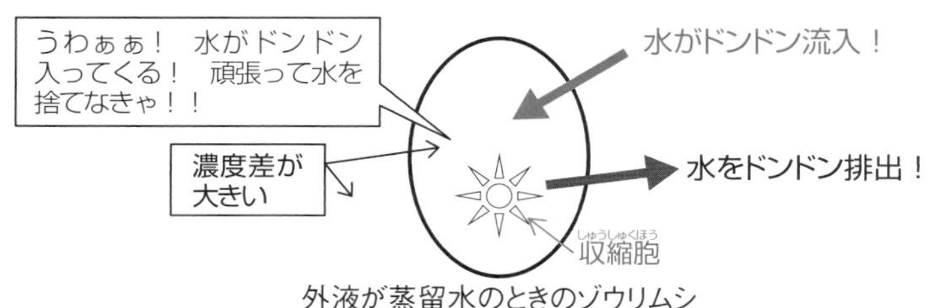

外液が蒸留水のときのゾウリムシ

上図より，蒸留水のように**外液の濃度が非常に低い場合には，収縮胞が活発に動き，水を排出する**ことがわかります。

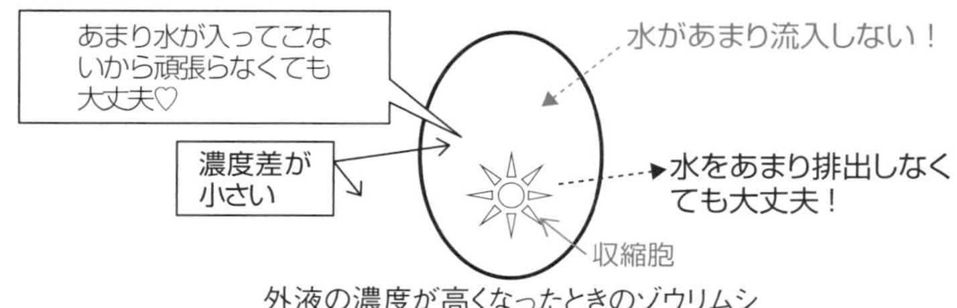

外液の濃度が高くなったときのゾウリムシ

外液の濃度が高くなると，**細胞内外の濃度の差が小さくなり，あまり水が入ってこなくなるので，収縮胞の収縮回数が少なくて済みます**ね。以上より，**外液の濃度が高くなるほど１分間あたりの収縮回数が減少していくグラフを選べばいい**んですね。

第3章
生物の多様性と生態系

前半は『植生の多様性と分布』です。どうしても「植物の名前が覚えにくい……」となりがちな分野です。語呂合わせでも OK です。植物名を暗記してしまえば，特に難しいことはない分野です。インターネットなどで植物の写真を見たり，植物について調べたりしてイメージをふくらませながら覚えるのがオススメ。
後半は『生態系とその保全』です。いわゆる「環境問題」について理解することが目的です。環境問題は，頭を使って論理的に考えないと理解できません。「なぜそうなるのか？」を丁寧に理解しながら進みましょう。

21 植　生

Point Check 森林の階層構造

●階層構造は，熱帯雨林では7～8層にまで達するが，亜寒帯の針葉樹林では2層しかないこともある。

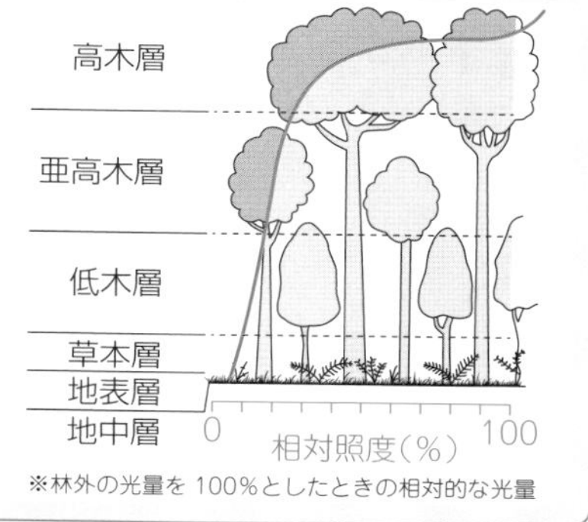

❶ そもそも，植生って何ですか？

ある地域に生育している植物をみ～んなまとめて植生(しょくせい)といいます。降水量の多い地域では森林(しんりん)，少ない地域では草原(そうげん)，降水量が極めて少なかったり，気温が低かったりする地域では荒原(こうげん)が成立します。

❷ 植物って，それぞれの環境にうまく適応しているんですね！

植物は生育環境によく適応していて，それぞれの環境に合わせた生活様式や形態をもっています。このような生活様式や形態のことを生活形(せいかつけい)といい，植物を生活形によって分類することもできます。例えば，落葉樹と常緑樹という分類，広葉樹と針葉樹という分類，サボテンのような多肉植物という分類などなどです！

❸ 森林は「もり」のことですよね。荒原は，荒れているんですか??

荒原は砂漠(さばく)やツンドラのことです！　聞いたことがありませんか？　植物にとってきびしい環境に成立する植生で，その環境に適応した植物がポツン，ポツンと点在しているイメージですね。

4  **同じ熱帯でも，森林になったり草原になったりするのはなぜですか？**

草原は，その名のとおり草本植物（⬅いわゆる「草」）を中心とする植生です。熱帯や亜熱帯では**年間降水量が 1000mm 以下になると森林が成立しにくくなり，草原になります**。熱帯や亜熱帯で降水量の少ない地域には，サバンナという草原が成立します。イネ科植物が中心なんですが，アカシアなどの樹木も点在しています。一方，温帯で降水量の少ない地域にはステップという草原が成立します。イネ科植物が中心であることはサバンナと同じですが，樹木がほとんど生育していません。

5 **森林は，やっぱりさまざまな植物が生育しているんですか？**

そのとおり！　前のページの Point Check の図を見ながら進みましょう。**森林の最上部を林冠，地面付近の部分を林床**といいます。照葉樹林帯の発達した森林では，林冠付近に葉を展開する高木層，その下の亜高木層，さらにその下の低木層，林床付近の草本層，地面付近の地表層……，というように，垂直方向に階層構造が発達しています。スイーツで例えるなら……，「ミルフィーユ」のようなイメージでしょうか。熱帯多雨林では，階層構造がものすごく発達して，7 層とか 8 層とかになることもあるんですよ！

当然のことですが，**下層になるほど植物が受けとる光は弱まっていきます**よね（⬅前のページの図中にある「相対照度」のグラフを参照）。ということで，下層に生育している植物は弱い光でも生育できる性質をもっているんです。森林の内部のような**光の弱い場所で生育することのできる植物を陰生植物，幼木のときに陰生植物の特徴を示す植物の樹木を陰樹**といいます。これに対して，**光の弱い場所では生育できないけれども，強い光を受けとれる環境ではメッチャ成長速度が大きくなる植物を陽生植物，陽生植物の樹木を陽樹**といいます。

日本に生育する代表的な陽樹といえば，アカマツ，ダケカンバなどがあります。知っておく必要のある陽樹については，追って 106 ページで紹介しますね。

❻ な…なんか難しそうなグラフですね（>. <）

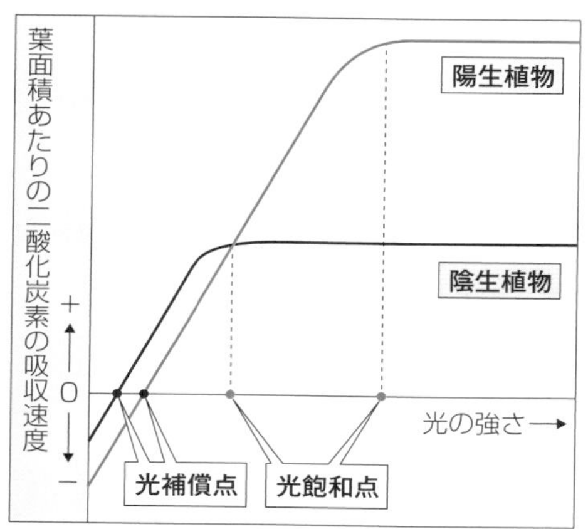

陽生植物と陰生植物の光合成

大丈夫，意外と単純なグラフですよ！　横軸はそのまま「光の強さ」です。**縦軸は「植物が差し引きでどれくらいの二酸化炭素を吸収したか」**です。

例えば，光合成で100gの二酸化炭素を吸収し，同時に呼吸で20gの二酸化炭素を放出していた場合，差し引きで80gの二酸化炭素を吸収したことになりますよね。**光が弱い場合には呼吸速度が光合成速度を上回ってしまうので，マイナスの値になります**！

直観的にわかるかと思いますが，植物は「光合成量＞呼吸量」という関係にならないと成長することができません。からだを構成する有機物の量を増やしていかないといけませんからね。そして，**「光合成速度＝呼吸速度」となる光の強さを光補償点**（ひかりほしょうてん）といいます。

❼ 陰生植物の方が光補償点が低い……，ということは!!

そうです！　**陰生植物は光の弱い環境でも成長することができる**ということです！　よくわかりましたね♪

なお，上のグラフの左端の光の強さが0，つまり**暗黒条件下での二酸化炭素放出速度は呼吸速度**になります。グラフより，**陽生植物の方が陰生植物よりも呼吸速度が大きい**ことがわかりますね。

あと一つ重要なことがあります！　**「それ以上光を強くしても光合成速度が増えなくなる光の強さ」を光飽和点**（ひかりほうわてん）といいます。**光補償点も光飽和点も，陽生植物の方が高くなります**。

問題34

森林には階層構造がある。高木層の葉が受ける光は強いが，低木層まで届く光は弱い。ア低木層の葉は，弱い光のもとで効率的に光合成を行っている。森林の土壌にもイ層状の構造がある。

問1　下線部**ア**に関して，低木層の葉の特徴として最も適当なものを一つ選べ。

① 呼吸速度が小さく，光補償点が高い。

② 呼吸速度が小さく，光補償点が低い。

③ 呼吸速度が大きく，光補償点が高い。

④ 呼吸速度が大きく，光補償点が低い。

問2　下線部**イ**に関して，土壌の表層・その次の層（中層）・さらに下の層（下層）に分布するものの組合せとして最も適当なものを一つ選べ。

	表　層	中　層	下　層
①	腐　植	風化した岩石	落葉・落枝
②	腐　植	落葉・落枝	風化した岩石
③	風化した岩石	腐　植	落葉・落枝
④	風化した岩石	落葉・落枝	腐　植
⑤	落葉・落枝	腐　植	風化した岩石
⑥	落葉・落枝	風化した岩石	腐　植

問題34

正解　問1 ②　問2 ⑤

解説

問1　前のページのグラフをよく見て，陰生植物の特徴を選びましょう。

問2　上からドンドンと葉や枝が落ちてきますので，表層は落葉・落枝になります。落葉や落枝は分解者によって分解されて腐植(ふしょく)になるので，その下の中層は腐植です。そして，下層には岩石が風化した層があり，さらにその下には岩石そのもの（母岩）があります。

なお，**土壌中で遺体や排出物が分解されることで生じた有機物のことを腐植といいます**。

22 植生の遷移

Point Check 植生の遷移

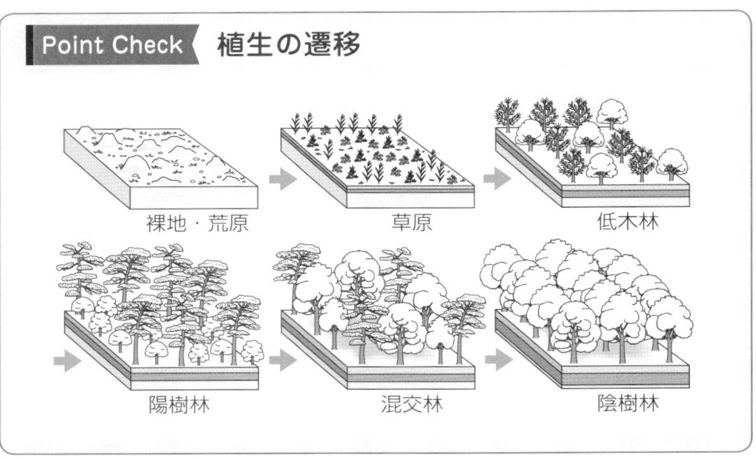

❶ 植生って，変化するんですか？

そうです！ **植生が時間とともに変化することを遷移**（せんい）といいます。遷移には大きく分けて**一次遷移**と**二次遷移**があります（次の表）。

一次遷移	特徴：**土壌の存在しない場所**から始まる。
	例：**乾性遷移**（かんせい）（溶岩台地などから始まる） **湿性遷移**（しっせい）（湖沼などから始まる）
二次遷移	特徴：**土壌の存在する場所**から始まる。
	例：山火事や森林伐採跡地（ばっさいあとち），耕作放棄地（こうさくほうきち）などから始まる。

❷ 遷移はどのように進むんですか？

乾性遷移を例に説明しますね！ 溶岩の冷え固まったような裸地（らち）は保水力に乏しく乾燥しており，栄養分も少ないんです。よって，**乾燥や貧栄養に耐えられる植物のみが侵入**できます。このような特徴をもち，遷移の初期に出現する植物は**先駆植物**（せんくしょくぶつ）（パイオニア植物，先駆種）とよばれます。

地衣類（⬅菌類と藻類などが共生して生活している生物），コケ植物，草本植物などが先駆植物になります。

先駆植物が生育し始めると荒原となり，ジワジワ～ッと土壌が形成されつつ草原になります。さらに，ジワジワ～ッと土壌が形成されていき，種子が運びこまれると低木が生育できるようになり，低木林へと進みます。**この頃までは地面付近まで比較的強い光が届いているので，多くの植物は陽生植物**です！

③ ジワジワ～ッと，陽樹林から陰樹林へと進むんですね!!

ここからは，さらに長い年月をかけてジワジワ～～～～ッと進みますよ！

陽樹が成長すると陽樹林という森林になります。すると，**林床の照度が低下します**。これは陽樹にとって困った状態ですね？　陽樹がせっかく種子をつくって落としても，**陽樹の幼木は生育できません**。しかし，**陰樹の芽生えはこのような環境でも生育できるので，林床では陰樹の幼木のみが育つ状態になります**。

やがて，陽樹が枯死していくと陰樹に置き換わっていき，陽樹と陰樹が混ざった混交林となります。そして，最終的には陰樹林となります。

林床の照度が低いことに注目すると，納得しながら遷移のプロセスを覚えられますよ！

もちろん陰樹林の林床の照度も低いですが，**陰樹の幼木はここで生育することができます**。なので，陰樹林になるとその後は原則としてずーーーーーっと陰樹林の状態が続きます。このように森林を構成している**植物の種類が変わらなくなった状態を**極相，**極相になっている森林のことを**極相林といいます。

なお，極相林になったからといって全く変化がないわけではありません。林冠を構成する樹木がさまざまな原因で倒れると，林冠にギャップという隙間が生じます。**大きいギャップが生じると林床まで光が届くようになり，陽樹の種子が発芽，成長できる場合があります**。したがって，自然界においては，極相林であっても陽樹が点在している状態になっています。

❹ 湿性遷移も乾性遷移とだいたい同じ流れですか!?

そうですね，だいたいは同じ流れです。ただし，遷移の前半の流れがちょっと違います！　確認していきましょう。

湖沼(こしょう)において土砂などが堆積して水深が浅くなると，クロモなどの**沈水(ちんすい)植物**が繁茂するようになります。さらに水深が浅くなっていくと，スイレンなどの**浮葉(ふよう)植物**やヨシなどの**抽水(ちゅうすい)植物**が繁茂するようになります（次の図）。さらに土砂などが堆積していくと**湿原(しつげん)**とよばれる状態になり，これが乾燥化して陸地になると，草原へと進みます。

ここから先の流れについては，基本的に乾性遷移と同じです！！

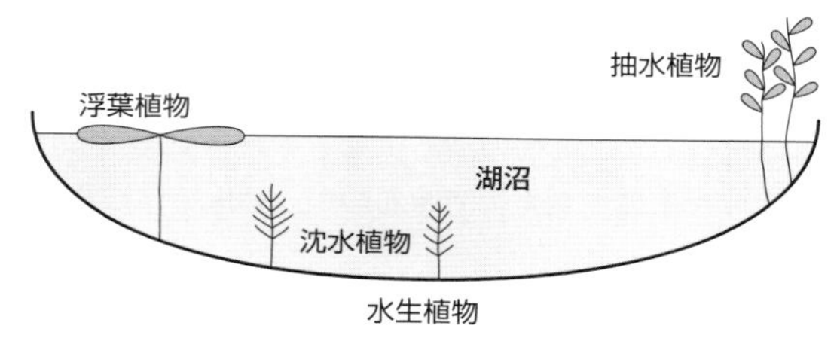

問題 35

植生は時間の経過とともに構成種が交代し，最終的に［ ア ］へと移行する。この過程は［ イ ］とよばれるが，その要因には土壌の発達，森林内部での光条件の変化，植物相互の関係などがあげられる。しかし，河原では，ときどき起こる洪水のために，［ イ ］が一方向には進行せず，草原の状態が続く場合が多い。

文章中の空欄に入る語は何か。最も適当なものを一つずつ選べ。

① 成　長　　② 遷　移　　③ ギャップ　　④ 富栄養化
⑤ 極相林　　⑥ 限界林　　⑦ 湿　原　　⑧ 荒　原

問題 36

次の①～⑥は，種子植物で遷移の初期に出現する種と後期に出現する種との一般的な特徴を比較したものである。しかし，初期の種と後期の種の特徴が，**逆に記述されているもの**が二つある。それらを選べ。

	項　目	初期の種の特徴	後期の種の特徴
①	種子生産数	多　い	少ない
②	種子の大きさ	大きい	小さい
③	初期の成長速度	速　い	遅　い
④	成体の大きさ	小さい	大きい
⑤	個体の寿命	短　い	長　い
⑥	幼植物の耐陰性	高　い	低　い

問題37

火山島において，溶岩が冷え固まった裸地から始まる植生の変化の過程は何と呼ばれるか。適当なものを二つ選べ。

① 極　相　② 生物濃縮　③ 富栄養化　④ 一次遷移

⑤ 二次遷移　⑥ 湿性遷移　⑦ 乾性遷移

解答・解説

問題35

正解 ア ⑤ イ ②

解説

洪水のようなかく乱がたびたび起こると，遷移が進行しません。

問題36

正解 ②，⑥

解説

あまり難しく考えずに……，遷移の初期に出現する草本や低木と極相樹種である陰樹とを比較すればOKですよ。②は，草本と陰樹ではどっちの種子が大きいでしょう？ **草本は小さい種子をいっぱいつくって風などで遠くに飛ばします**よね。また，⑥は，**陰樹の幼木は弱光条件でも生育できる，つまり耐陰性が高い**ですね。

問題37

正解 ④，⑦

解説

土壌のない場所から始まるので**一次遷移**(いちじせんい)，陸上で始まるので**乾性遷移**(かんせいせんい)ですね。

第3章 生物の多様性と生態系

23 世界のバイオーム

Point Check 気温と降水量とバイオーム

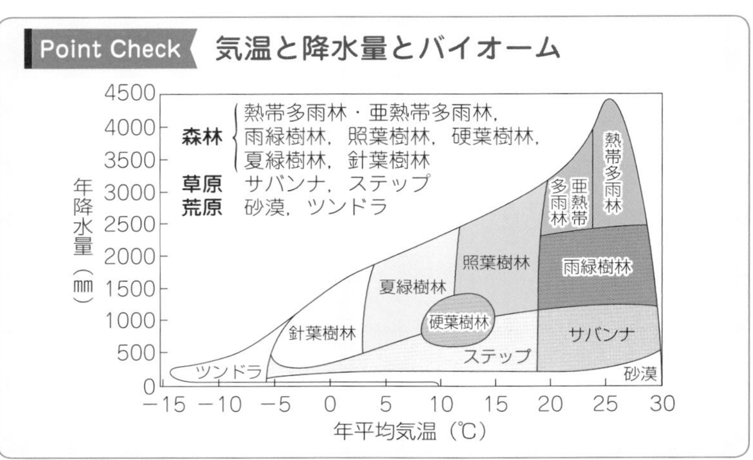

「ばいおーむ」って，何ですか？

バイオームは「ある地域におけるすべての生物の集まり」という意味です。すべての植物の集まりは植生ですが，動物や微生物などもすべて合わせたものがバイオームです。

bio- は「生物」，-ome は「全部」という意味です。
遺伝情報全体のことをゲノム p.028 といいましたよね？
ゲノムは遺伝子（gene）に -ome がついた単語ですよ。

なぜ，地域によってバイオームが異なるんですか？

バイオームの例としては熱帯多雨林とか照葉樹林とかサバンナとか……，があります。上の図からもわかるように，**陸上のバイオームは基本的に，年降水量と年平均気温によって種類が決定します**。

降水量が十分にあって森林が成立する地域の場合，気温の高い地域から順に**熱帯多雨林**，**亜熱帯多雨林**，**照葉樹林**，**夏緑樹林**，**針葉樹林**と変化します。また，熱帯では雨季と乾季のある地域において**雨緑樹林**（うりょくじゅりん）が成立します。

❸ まん中の「硬葉樹林」っていうのは，葉が硬いんですか？

そうです！　**硬葉樹林**（こうようじゅりん）は，気候的には温帯なんですが**「冬に雨が多く，夏に乾燥する」という地中海沿岸などに成立するバイオーム**です。気温の高い夏に乾燥するので，葉からの蒸発を防ぐために表面にクチクラが発達した硬くて小さな葉をつけるんですよ。**オリーブ**，**コルクガシ**といった，地中海っぽい植物が硬葉樹林の代表樹種です！

草原（**サバンナ**，**ステップ**）や荒原（**砂漠**（さばく），**ツンドラ**）については94，95ページで説明しました。もう一度読んでみてください！

世界のバイオームについて，代表的な植物の種類を表にまとめておいたので，写真などを見ながら少しずつインプットしましょう！

バイオームの種類	代表的な植物
熱帯多雨林	フタバガキ，着生（ちゃくせい）植物，つる植物，ヒルギ
亜熱帯多雨林	アコウ，ヘゴ，ガジュマル，ヒルギ
雨緑樹林	チーク
照葉樹林	カシ，シイ，タブノキ
夏緑樹林	ブナ，ミズナラ
硬葉樹林	オリーブ，コルクガシ
針葉樹林	シラビソ，コメツガ，トウヒ
サバンナ	イネ科の草本，アカシア
ステップ	イネ科の草本
砂漠	多肉植物（たにくしょくぶつ）（⬅サボテン etc）
ツンドラ	地衣類，コケ植物

ヒルギ，着生植物……，聞いたことのない植物があります！

ヒルギは熱帯や亜熱帯地方の河口付近で生育し，**マングローブ**という森林を形成する植物です。**着生植物**（ちゃくせいしょくぶつ）というのは，岩や樹木に付着して生育する植物のことです。カシ，シイ，ブナなどがつくる果実が「ドングリ」です。小さい頃に拾ったあのドングリです！

24 日本のバイオーム

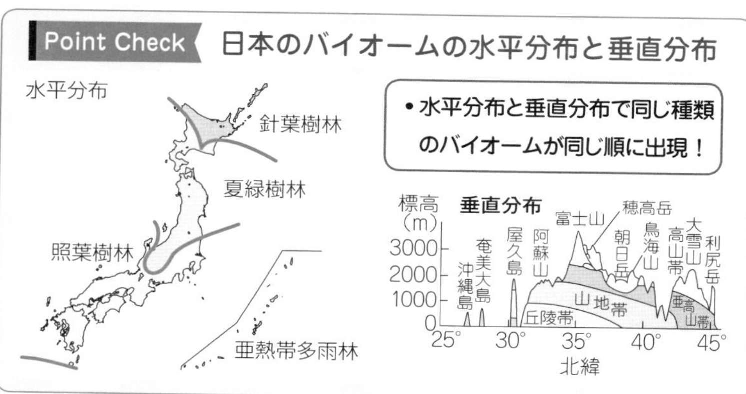

❶ 日本にはどんなバイオームが成立するんですか？

一部の例外的な場所を除くと，**日本では亜熱帯多雨林，照葉樹林，夏緑樹林，針葉樹林の４種類のバイオームが成立**します。日本では，どの地域でも十分な降水量があるので，原則として森林のみが成立しています。なので，**日本では水平分布**（⬅緯度の変化に応じたバイオームの分布）と**垂直分布**（⬅標高の違いに応じたバイオームの分布）**で，同じ種類のバイオームが同じ順番に出現する**んです。これはすごいことなんですよ！

本州中部（関東あたりのイメージ）の平野部は，シイやカシなどの照葉樹林が成立しています。**照葉樹林が成立する垂直分布帯のことを丘陵帯**(きゅうりょうたい)といいます。さらに標高が上がっていくと，順に**山地帯**(さんちたい)，**亜高山帯**(あこうざんたい)，**高山帯**という垂直分布帯が現れます。水平分布と同じ順番ですから……，**山地帯にはブナやミズナラの林が発達する夏緑樹林，亜高山帯にはシラビソやコメツガなどからなる針葉樹林**が成立しています。亜高山帯の上限は**森林限界**(しんりんげんかい)といって，これよりも標高が高い場所では低温や強風などのさまざまな要因によって，森林が成立できなくなります。

② 森林限界より高い場所には何があるんですか？

森林限界より高い場所は**高山帯**とよばれ，**ハイマツ**，**コケモモ**，**コマクサ**といった高山植物が生育し，高山特有の植生を形成している場合があります。

> 高山植物は，短い夏にいっせいに開花するものが多いです。高山植物による高山草原が「お花畑」とよばれる所以ですね。
>
> 

③ 「暖かさの指数」って何ですか？

日本のように十分な降水量がある地域においては，年平均気温よりも**暖かさの指数**によって成立するバイオームの種類を推測できます。暖かさの指数というのは，「**1年間のうち，月平均気温が5℃を上回る月について，月平均気温から5℃を引いた値を求め，それらを合計した値**」のことです。日本のバイオームと暖かさの指数との関係は右の表のとおりです。次の例題で，暖かさの指数を求めてみましょう！

日本のバイオームと暖かさの指数の関係

バイオーム	暖かさの指数
亜熱帯多雨林	240 ～ 180
照葉樹林	180 ～ 85
夏緑樹林	85 ～ 45
針葉樹林	45 ～ 15

例題 6

下の表は2009年の青森市における月別平均気温である。暖かさの指数を求めよ。

青森市

年	1月	2月	3月	4月	5月	6月	7月	8月	9月	10月	11月	12月	年平均
2009	−0.1	0.2	2.6	9.0	14.2	17.3	20.8	21.9	18.4	13.9	7.5	1.4	10.6

 83

解説

(9.0−5)＋(14.2−5)＋(17.3−5)＋(20.8−5)＋(21.9−5)＋(18.4−5)＋(13.9−5)＋(7.5−5)＝83という計算で求めることになります。上の表より青森市では夏緑樹林が成立すると考えられますね。

④ 日本の陽樹林には，どのような植物が生育していますか？

これはアカマツの写真です！　白黒写真なので全く伝わらないけど……，幹が赤茶色だからアカマツっていいます（インターネットなどでカラーの写真を見てください）！

なぜ，この写真を見せたかというと……，日本の代表的な高木になる陽樹を知っておいてほしいんです！

アカマツ，クロマツ，ダケカンバ，コナラ，クヌギ，ハンノキ，シラカンバ！　**これらの名前を見たら「あっ，陽樹だな！」とわかるようになっておくこと**！　もう一度，アカマツ，クロマツ，ダケカンバ，コナラ，クヌギ，ハンノキ，シラカンバ……，最終手段は語呂合わせ！

灰汁だけとって，コクはしっかり！

あ・く・だけ・とって，こ・く・は・しっかり！

問題 38

赤道に近い高温多湿の地域には，熱帯多雨林や亜熱帯多雨林が分布する。一方，低緯度でも雨季と乾季がはっきりしている地域では，雨緑樹林が分布する。この地域における優占種としては，ア<u>チーク</u>などが有名である。イ<u>この地域と気温は同じだが降水量が少ない地域</u>では，イネのなかまが優占し，背丈の低い樹木が点在する。

問1　下線部**ア**の植物種にみられる特徴として最も適当なものを一つ選べ。

① 降水量が減少する季節に多くの葉をつける。

② 気温が低下する季節に多くの葉をつける。

③ 降水量が減少する季節にいっせいに落葉する。

④ 乾燥への適応として，肉厚の茎に多量の水分を蓄える。

⑤ 草本であるが，地上部に木本の幹のような茎をもつ。

問2 下線部**イ**の地域でみられる樹木として最も適当なものを一つ選べ。

① ガジュマル　② スダジイ　③ シラビソ　④ ヒルギ

⑤ アカシア　⑥ ブナ

問題 39

図は，年平均気温，年降水量，および生産者による地表の単位面積あたりの年平均有機物生産量の関係をバイオーム別に示したものである。

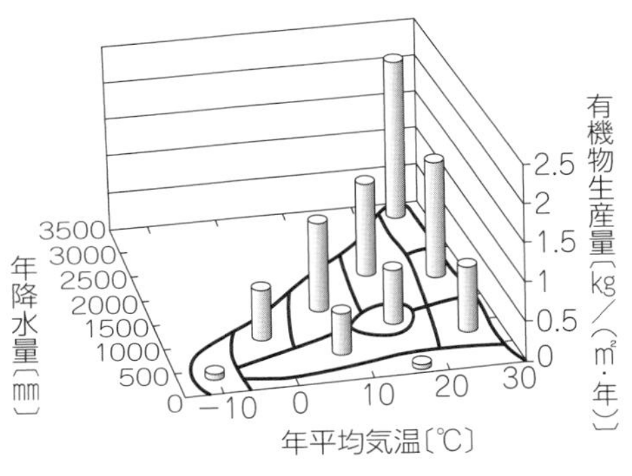

図に関する記述として適当なものを二つ選べ。

① 異なるバイオーム間で年平均気温がほぼ同じ場合，年降水量が少ないほど有機物生産量は大きくなる。

② 異なるバイオーム間で年平均気温がほぼ同じ場合，年降水量が少ないほど有機物生産量は小さくなる。

③ 異なるバイオーム間で年平均気温がほぼ同じ場合，年降水量と無関係に有機物生産量は一定となる。

④ サバンナの有機物生産量は，ツンドラのものよりも小さい。

⑤ 砂漠の有機物生産量は，針葉樹林のものよりも大きい。

⑥ 照葉樹林の有機物生産量は，硬葉樹林のものよりも小さい。

⑦ 雨緑樹林の有機物生産量は，硬葉樹林のものよりも大きい。

問題 40

次のページの図は三つの極相に達している森林生態系の植物と土壌中に蓄積している有機物量の割合を示したものである。なお，土壌には土壌有機物および土壌中の生物が含まれる。

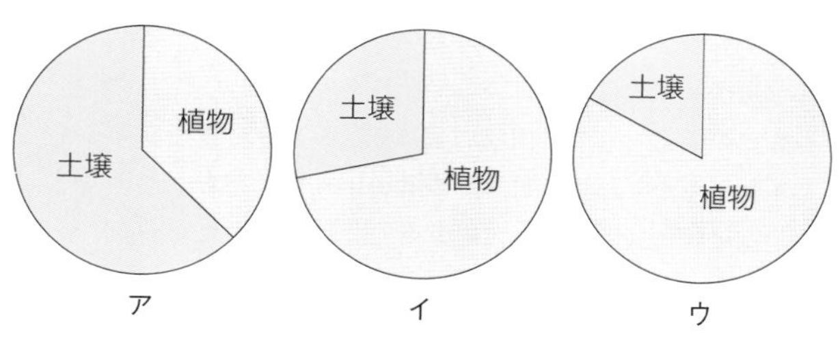

図のア～ウは，それぞれどの森林生態系に対応するか。正しい組合せを一つ選べ。

	ア	イ	ウ
①	針葉樹林	照葉樹林	熱帯多雨林
②	針葉樹林	熱帯多雨林	照葉樹林
③	照葉樹林	針葉樹林	熱帯多雨林
④	照葉樹林	熱帯多雨林	針葉樹林
⑤	熱帯多雨林	針葉樹林	照葉樹林
⑥	熱帯多雨林	照葉樹林	針葉樹林

問題 41

中部地方や東北地方の亜高山帯には，一般に，あるバイオームが分布している。それは［ア］であり，［イ］はその主要な構成種の一つである。

文中のア，イに入る語の組合せとして，正しいものを一つ選べ。

	ア	イ		ア	イ
①	夏緑樹林	ブナ	②	夏緑樹林	タブノキ
③	照葉樹林	スダジイ	④	照葉樹林	ミズナラ
⑤	針葉樹林	オオシラビソ	⑥	針葉樹林	アカマツ

解答・解説

問題 38

正解 問１ ③　問２ ⑤

解説

問１　雨緑樹林の代表的な樹種であるチークは，**雨季に葉をつけ，乾季には落葉する落葉広葉樹**です。よって，③の記述は正しいですね。なお，**②のような植物はなく，④は砂漠の植物についての記述**なので NG です。

問2 サバンナにアカシアが点在することは87ページで紹介しましたが，実は一部の教科書には記載がないんです。しかし，**あきらめてはいけません！消去法で考えます！** ガジュマルは亜熱帯多雨林，スダジイはシイ類の樹木なので照葉樹林，シラビソは針葉樹林，ヒルギはマングローブ林をつくる樹種でしたね。そして，ブナは夏緑樹林なので……，⑤しかありませんね。

問題 39

正解 ②，⑦

解説

円柱の高さに注目して……，同じ気温のバイオームで比較すると，②の記述があてはまりますね。

雨緑樹林がどれか，硬葉樹林がどれか……は102ページの Point Check の図を参照してくださいね。

問題 40

正解 ①

解説

これはとても重要な問題です！ **気温の高い地域では，分解者による土壌有機物の分解が活発になります**。よって，気温の高い地域ほど土壌有機物の量が減少する傾向にあります。**ア**～**ウ**のうちで，土壌有機物の割合の最も高い**ア**が最も気温の低い地域と考えられます。逆に，土壌有機物の割合の最も低い**ウ**が最も気温の高い地域です。この条件にあてはまる選択肢は①しかありませんね！

問題 41

正解 ⑤

解説

中部地方や東北地方の亜高山帯なので針葉樹林ですね。**アカマツは針葉樹ですが，照葉樹林帯を中心とした比較的温暖な地域に生育する代表的な陽樹**です。

25 生態系の成り立ち

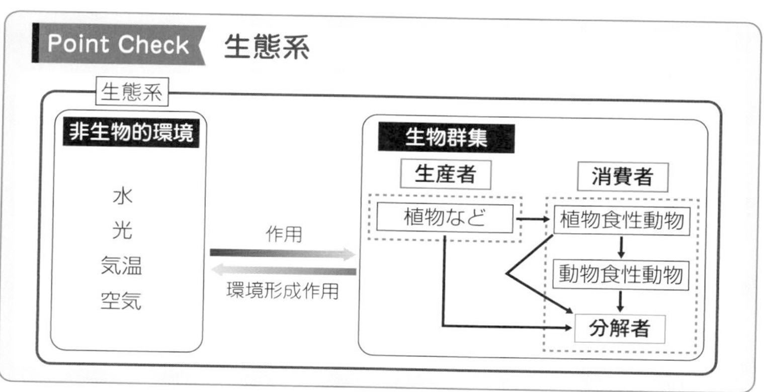

1 **「生態系」っていう言葉をよく耳にするんですが……**

確かに，ニュースなんかでよく耳にしますよね！　ある地域の**生物群集**（群集）とそれをとりまく**非生物的環境**を合わせて**生態系**といいます（上の図参照）。生態系において，**生物が非生物的環境から受ける影響を作用，逆に生物が非生物的環境に及ぼす影響を環境形成作用といいます**。

2 **「生態系＝生物群集＋非生物的環境」ですね！**

正解，すばらしい！　**生態系を構成する生物は大きく生産者と消費者に分けられます**。生産者は，植物のように二酸化炭素から有機物を合成する生物です。消費者は，生産者のつくった有機物を直接または間接にとりこんで利用する生物です。消費者には，**植物食性動物である一次消費者，植物食性動物を食べる二次消費者，植物の枯死体や動物の遺体や排出物に含まれる有機物を利用する分解者**などが含まれます。細菌類や菌類が分解者の代表例ですよ！

生態系内での被食者と捕食者のつながりを**食物連鎖**とよびます。**実際の生態系では，捕食者は複数種の生物を捕食しているため，食物連鎖は複雑**

な食物網となっています。

❸ 先生！　教科書に載っているこのピラミッドは何ですか？

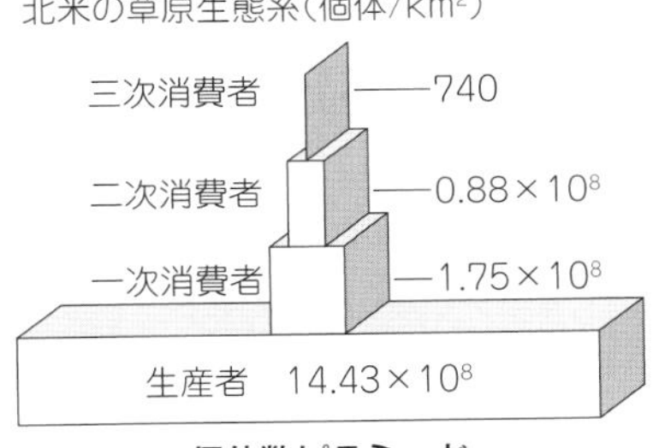

個体数ピラミッド

食物連鎖における生産者からの各段階を**栄養段階**といいます。栄養段階ごとに個体数を調べ，積み上げたものを**個体数ピラミッド**，生物量（⬅「体重」っていうイメージ♪）を調べ，積み上げたものを**生物量ピラミッド**といいます。このようなピラミッドをまとめて**生態ピラミッド**といいます。これらの**生態ピラミッドは，通常は上にいくほど小さくなり，ピラミッド形になります。**

例題 7

「作用」と「環境形成作用」の両方の過程を具体的に示している記述として最も適当なものを一つ選べ。

① 地球温暖化により，高緯度地方にこれまでいなかった生物が侵入し，そこの在来生物を駆逐することがある。

② 湖水中の栄養塩類が増加すると，植物プランクトンが大発生しやすくなり，夜間の溶存酸素濃度が減少する。

③ 光合成をする生物が減少すると，生産量が減少するので，植物食性動物の個体数が減少する。

④ 河口へ流入する川砂が減少すると，砂底を好むハマグリやアサリが減少し泥底を好むシジミが増加する。

解答　②

解説

①は，気温の上昇という非生物的環境の変化により生物の分布が変化しているので，作用についての記述です。②は，**栄養塩類** p.119 の増加という非生物的環境の変化によって植物プランクトンが増殖するのは作用です。植物プランクトンの増殖によって夜間の酸素濃度が減少するのは環境形成作用です。③は，生物どうしの関係についての記述です。④は，川砂の減少という非生物的環境の変化により生物の個体数が変化しているので，作用についての記述です。

26 物質循環とエネルギーの流れ

Point Check 生態における炭素の循環

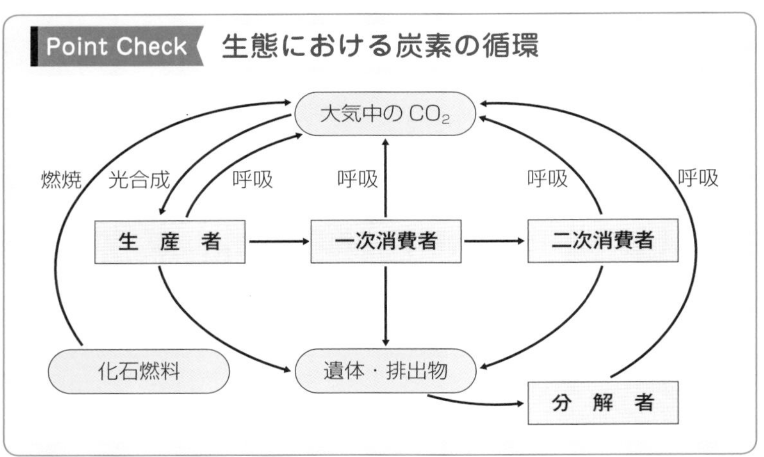

❶ **循環ってことは……，炭素は回っているんですか？**

そうです！　物質は地球の生態系内をぐるぐると循環しているイメージですね。生物体に含まれている炭素原子（C）は，もともとは大気中や水中に含まれていた二酸化炭素（CO_2）ですよ。

植物などの生産者は光合成によって二酸化炭素をとりこんで有機物をつくります p.020。**つくられた有機物の一部は生産者の呼吸に利用されたり，体内に蓄積されたりします。一部は植物食性動物に食べられるし，一部は落葉・落枝などにより土壌へと供給されます。**

動物が捕食によって獲得した有機物についても同様で，一部は呼吸で利用され，一部は体内に蓄積されます。また，高次の消費者に捕食されたり，排出物や遺体として土壌へと供給されたりします。

❷ **土壌中に供給された有機物はどうなるんですか？**

分解者が呼吸で利用します！　そして，二酸化炭素にもどって大気中や水中に放出されます。だから，炭素原子は循環しているんですね。

化石燃料っていうのは石油とか石炭ですよね？

そうです。近年，化石燃料の大量消費が原因で大気中の二酸化炭素濃度が上昇しており，これが生態系に多大な影響を及ぼす可能性があると考えられています。詳しくは118ページで!!

窒素の循環は複雑そうですね……

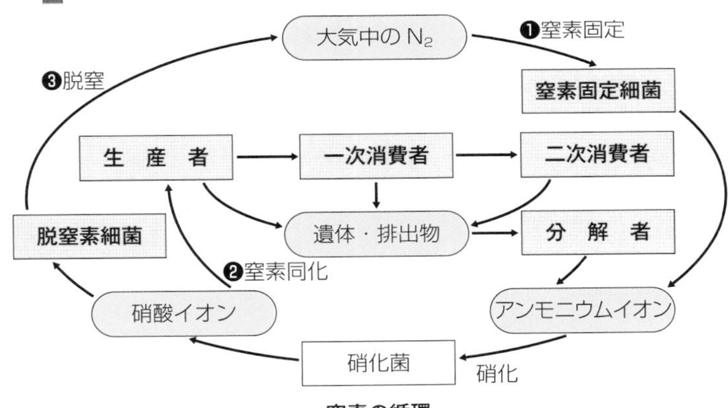

窒素の循環

順番に攻めていこうね！　まずは，❶窒素固定（ちっそこてい）！　これは，**大気中の窒素ガス（N_2）をアンモニウムイオンに変えること**です。窒素固定をできる生物は原核生物だけで，根粒菌（こんりゅうきん），アゾトバクター，クロストリジウム，ネンジュモ（⬅シアノバクテリアの一種）などが代表例です。**根粒菌はマメ科植物（⬅ダイズやゲンゲなど）の根に共生すると，窒素固定を行う細菌**です。

根っから悪（あく）でんねん！

根粒菌・アゾトバクター・クロストリジウム，ネンジュモ

窒素同化は，窒素固定とは違うんですよね……？

もちろん別の反応ですよ！　❷窒素同化（ちっそどうか）は「同化」の一つです。生産者

第3章　生物の多様性と生態系

は土壌中の**硝酸イオンやアンモニウムイオンをとりこみ，これをもとにアミノ酸，さらにアミノ酸からタンパク質，核酸といったさまざまな有機窒素化合物をつくります**。このようなはたらきが窒素同化です。

遺体や排出物の分解や窒素固定によって土壌中に供給された**アンモニウムイオンは硝化菌**（⬅硝酸菌と亜硝酸菌という細菌の総称）**のはたらきで硝酸イオンに変えられます**。このようにして生じた硝酸イオンの多くは生産者にとりこまれますが，❸**一部は脱窒素細菌という細菌のはたらきによって窒素ガスにもどされます**。この反応は脱窒といいます。

このように，窒素原子（N）も生態系内を循環しているんですね。工業的に窒素固定を行って人工的につくった化学肥料（窒素肥料）が河川の富栄養化 p.119 などを起こす場合があります。

6 物質は循環！　エネルギーも循環ですか？

エネルギーは循環しません。エネルギーが循環するんだったら，太陽がなくなっても大丈夫ということになりますよ。でも，そうじゃないですよね？

太陽の光エネルギーは光合成によって生産者に吸収され，その一部が有機物の化学エネルギーに変えられます。この有機物は食物連鎖を通して上位の消費者に伝えられたり，遺体や排出物として分解者に渡されたりします。**この過程で利用されたさまざまなエネルギーは，結局，最終的に熱エネルギーになって大気中に放出されてしまいます**。その後，この熱エネルギーは赤外線として宇宙空間へと出ていきます。

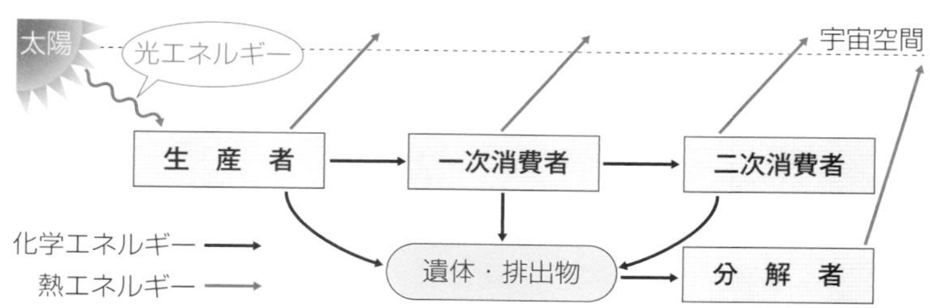

問題42

森林では，［ア］エネルギーの最大で1%程度が，生産者によって［イ］エネルギーに変換される。［イ］エネルギーは，生産者，消費者および分解者に利用される過程を経て，最終的に［ウ］エネルギーとなる。［ウ］エネルギーは，赤外線となって地球外に放出される。

問1　窒素循環に関する記述として最も適当なものを一つ選べ。

① 窒素固定細菌は，大気中の窒素から硝酸イオンを生成する。

② 硝化菌は，硝酸イオンから窒素ガスを生成する。

③ 土壌中には，脱窒素細菌がすむ。

④ 植物は窒素固定を行う。

問2　上の文章中の［ア］～［ウ］に入る語の組合せとして最も適当なものを，一つ選べ。

	ア	イ	ウ
①	化　学	光	熱
②	化　学	熱	光
③	光	化　学	熱
④	光	熱	化　学
⑤	熱	光	化　学
⑥	熱	化　学	光

問題42

正解　問1 ③　問2 ③

解説

問1　窒素固定**は，窒素ガスからアンモニウムイオンを生成する反応**なので，①は誤りです。硝化菌**はアンモニウムイオンから硝酸イオンをつくる細菌**なので，②も誤りです。なお，**硝酸イオンから窒素ガスをつくる細菌は**脱窒素細菌ですよ！　そして，植物は窒素固定を行うことはできないので，④も誤りです。

問2　114ページの図をよ～く見ながら解いてくださいね。

生態系のバランス

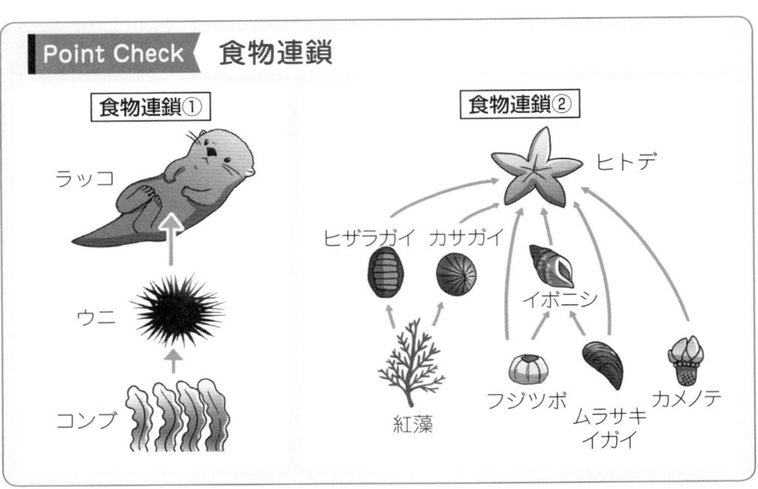

❶ **ヒトデって高次消費者なんですね！　知らなかったぁ！**

それ，意外と知らない人が多いんです。上の図の二つの食物連鎖は重要ですよ！　台風，洪水，山火事のように，生態系を破壊するような現象を**かく乱**といいます。生態系では常にかく乱が起きていますが，小規模なかく乱であれば，自然に元の状態にもどります。**生態系を元にもどす力を復元力**といい，復元力によって**生態系が一定の範囲に保たれていることを生態系のバランス**といいます。復元力を超えるような大規模なかく乱が起きると，生態系は別の生態系に変化してしまいます。

さて，上の図の「食物連鎖①」を見てください！　ラッコの個体数が大幅に減少したら，この生態系はどうなるかな？

❷ **ウニが増えると思います！**

正解！　そして，さらにどうなりますか？

❸ **コンブが減ると思いますっ！！**

大正解！！　そしてコンブの集団は魚類や甲殻類の生活場所にもなっているので，そのような魚類や甲殻類も激減してしまいます。

❹ **コンブが減ると，……人間にも影響してきますよね？**

そのとおりです。この生態系では，ラッコの存在がバランスを保つうえで非常に重要だったということですよね。このように，**生態系にはそのバランスを保つうえで重要な種がいて，これをキーストーン種**といいます。

❺ **次は，ヒトデのいる「食物連鎖②」の生態系ですね!?**

「食物連鎖②」で登場する生物は，どれも岩場に固着（こちゃく）したり，岩場を動き回ったりしています。お互いに「食う・食われる」という関係以外にえさや生活場所などを奪い合うような関係（＝競争関係）にあります。

実験的にこの生態系からヒトデを除去すると……？

❻ **ヒトデに食われていた生物たちの個体数が増えていきます。**

すると，これらの生物の生活場所が不足してきます。その結果，**生活場所をめぐる争いが激化します**。ムラサキイガイがこの争いに強い種なので，しばらくするとムラサキイガイが岩場のほぼすべてを独占した状態になって，他の種がほとんどいなくなってしまいます。

❼ **ヒトデがキーストーン種だったんですね。**

すばらしい，大正解！

ヒトデに食われる生物たちにとって，ヒトデは憎き天敵なんですが，ヒトデがいてくれるお陰（かげ）で多様な種が岩場に生存できているんです。「ヒトデにかく乱されることで多様性が保たれている」とでも表現したらいいでしょうか。

この例からもわかるように，**かく乱の全くない生態系よりも，少しかく乱のある生態系の方が多様な生物が生活できるようになる**んです。森林にギャップができることで，陽樹が生育できるようになります p.099 。これも同じことですね！

第3章 生物の多様性と生態系

28 環境問題①

Point Check 温室効果と地球温暖化

•大気中に温室効果ガスがない場合

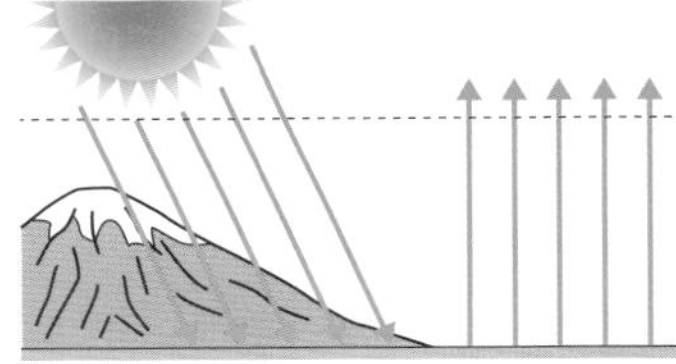

•大気中に温室効果ガスがある場合

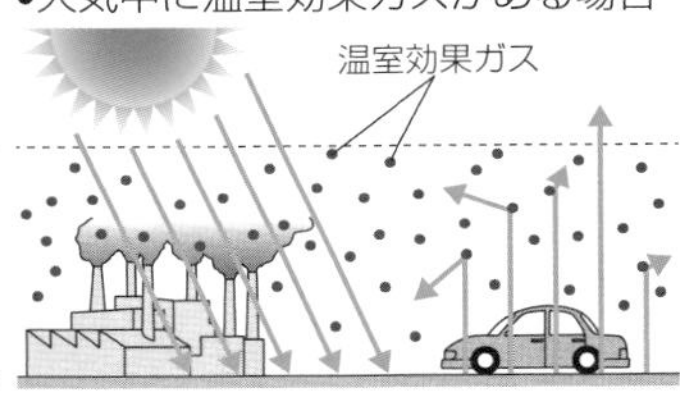

❶ いよいよ環境問題で，上の図は地球温暖化ですね。

まず，**地球温暖化**について理解しましょう。炭素の循環 p.112 は理解できているかな？　現在，**化石燃料の大量消費により大気中の二酸化炭素濃度が上昇してきています**。地球全体の炭素の循環のバランスがくずれているんですね。

二酸化炭素は温室効果ガス(おんしつこうかガス)の一つで，地表から宇宙空間へと放出される熱エネルギー（＝赤外線）をブロックして，地表に向かって再放射します。そうすると，地球から熱が逃げにくくなって，地球の温度が上昇します。ほかに**メタンやフロンなども温室効果ガス**ですよ。

地球温暖化は，生態系に大きな影響を及ぼすと考えられています。

❷ 酸性雨というのは，酸性の雨ですね？

ほぼ正解かな。雨は大気中の二酸化炭素を少し溶かして降り注ぐので，そもそも中性ではなく，ちょっと酸性なんです！　だから，**酸性雨(さんせいう)**は，「ふつうよりも強い酸性の雨」というのが正解です。

これも化石燃料の大量消費が原因で，化石燃料を利用した際に生じる**窒素(ちっそ)酸化物や硫黄(いおう)酸化物が水蒸気や酸素と反応して硝酸(しょうさん)や硫酸(りゅうさん)になってしまう**ことがあります。これらが雨に溶けると，酸性雨になります。

酸性雨によって土壌や湖沼が酸性になると，樹木の立ち枯れが起こったり，魚類が生活できなくなったりします。

3 **「赤潮」は，瀬戸内海で問題になったと聞いたことがあります。**

赤潮(あかしお)は内海や湾で発生しやすいですからね。現在では対策がとられており，赤潮の発生はかなり抑制できているみたいですね。

赤潮の原因は，栄養塩類(えいようえんるい)の流入です！ **栄養塩類というのは，窒素（N）やリン（P）を含んだイオン**のことですね。栄養塩類の濃度が高くなることを**富栄養化**といいます。

富栄養化が起きると，植物プランクトンが栄養塩類を消費して大増殖します。海と湖沼では増殖する植物プランクトンの種類が違うので，色が違ってきます。海では赤くなり……**赤潮**，湖沼では青緑色になり……**アオコ（水の華）**とよばれる状態になります。

増殖した植物プランクトンが魚のエラに付着して魚を窒息させたり，一部の植物プランクトンは毒素をつくったりします。また，植物プランクトンの死骸を分解するのに大量の酸素が使われるため，水中が酸欠状態になってしまいます。よって，赤潮やアオコは生態系に大きな影響を与えるだけでなく，甚(じん)大な漁業被害をもたらすこともあります。

4 **栄養塩類も，少しくらいの流入なら大丈夫なんですか？**

復元力(ふくげんりょく)の範囲内なら，汚濁(おだく)物質が少々流入しても，生物の力で元にもどせます。これは**自然浄化(じょうか)**といいます。しかし，限度があります。

5 **生物濃縮は，社会科で習ったことがあるような……**

かなり重大な社会問題になりましたからね。**生物濃縮(のうしゅく)は，生物がとりこんだ物質が，体内に蓄積される現象**です。この物質が食物連鎖を通して高次消費者にとりこまれると，**高次消費者ほど体内に高濃度で蓄積し，強い影響を受けます**。

アメリカでは，DDT という農薬が生物濃縮され，カモメなどの高次消費者が激減して問題となりました。日本では，化学工場の排水に含まれていた**有機水銀が生物濃縮されて，水俣病(みなまたびょう)を引き起こしてしまいました**。

29 環境問題②

Point Check 外来生物

1 うわっ！　これは何という魚ですか？

これはオオクチバスという魚でブラックバスの一種です。外来生物（外来種）として問題になっていますよね。外来生物は，**人間の活動によって本来の生息場所から別の生息場所へと移され，移入先で定着した生物**のことです。

オオクチバスのほかに……，ブルーギル，アメリカザリガニ，マングース，セイヨウタンポポなどが有名ですね。日本では，**外来生物の中でも特に生態系や人体・農林水産業などに大きな影響を及ぼす，または及ぼす可能性のある生物が，特定外来生物に指定されており，飼育や輸入などが禁止されています**。

琵琶湖では，オオクチバスが在来種のホンモロコやゲンゴロウブナなどを捕食してしまい，在来種の個体数が激減しています。沖縄や奄美諸島ではハブ駆除のために移入されたマングースがヤンバルクイナやアマミノクロウサギを捕食してしまいました。また，世界遺産に指定された小笠原諸島では，人間によって移入されたネコや外来生物のトカゲなどが増殖して問題となっています。

❷ 絶滅危惧種のタイマイは，タイのお米だと思っていました…

それはタイ米ね。おもしろい，おもしろい。絶滅の恐れのある生物は絶滅危惧種(ぜつめつきぐしゅ)とよばれています。タイマイはウミガメの仲間だね。日本の絶滅危惧種として他には，動物だとイリオモテヤマネコ，ヤンバルクイナ，アマミノクロウサギ……，などがいます。動物以外には，マリモ，アツモリソウ……，などがあります。

絶滅危惧種について，その危険性の高さごとに分類したものをレッドリストといいます。インターネットでレッドリストを調べてみると，本当にたくさんの絶滅危惧種がいることがわかります。

❸ うーん，人間が自然に手を加えてはいけないということですか？

もちろん，「環境破壊」のような形では手を加えちゃいけないですよね。でも，**人間が手を加えることで守られる生態系**というのもあります。その代表例が里山(さとやま)です！

昔ながらの農村の集落の周辺を里山といいます。水田や水路，畑があり，ため池があり，雑木林(ぞうきばやし)があり……，多様な環境があり，多様な生物が生息しています。

❹ 雑木林ってどんな林ですか？

人間が薪(まき)などにするために適度に森に入って木を伐採してきたため，林冠に植物が密集しておらず，比較的林床が明るい状態が維持されている森林のことです。**雑木林ではコナラやクヌギといった陽樹が多く生育しています**。人手が入らなくなると，遷移が進行して陰樹林になってしまいます。

雑木林には多種多様な生物が生育しており，絶滅危惧種に指定されている種が生息していたり，固有種が生息していたりします。**雑木林は人手が入ることによって維持されている森林**なんですよ！

問題43

本来の生息場所から他の場所に移されて定着した生物を，［ア］とよぶ。北アメリカ原産のオオクチバスはその例であり，日本各地の湖沼や河川に人為的にもちこまれて定着した。

近年懸念されている地球温暖化は，イ大気組成の変化によって地球からエネルギーが放出されにくくなることが原因であると考えられている。

問1 文中の［ア］に入る語として最も適当なものを一つ選べ。

① 固有種　② 絶滅危惧種　③ 外来生物
④ 絶滅生物　⑤ 優占種

問2 下線部**イ**に関して，二酸化炭素濃度の変化以外で，地球温暖化の原因となり得るものとして最も適当なものを一つ選べ。

① メタンの増加　② 酸素の増加　③ 窒素の増加
④ 水蒸気の減少　⑤ フロンの減少　⑥ オゾンの減少

問3 生態系の中で，生物は食べたり，食べられたりする一連のつながりをもっている。この過程で，ある種の物質の濃度は高次消費者の体内で急速に高まっていく場合があり，これを生物濃縮という。その結果，人間にまで影響が及んだ化学物質の例として有機水銀，カドミウム，DDT，PCB などが知られている。次の PCB の生物濃縮の例に関する記述として，**誤っているもの**を一つ選べ。

海　水 → プランクトン → イワシ → イルカ
0.00028　48　68　3700

（数字は試料 1 トンあたりに含まれる PCB のミリグラム数）

① 高次消費者ほど濃度は高くなるので，重大な影響が出ることがある。
② 高次消費者に移るときの濃度上昇の割合は，ほぼ一定である。
③ 高次消費者ほど濃度が高いのは，体外に排出されにくいからである。
④ 高次消費者ほど寿命が長く，蓄積される濃度が高くなる。

問題44

次の**ア**～**ウ**の項目は，地球環境問題を示している。それぞれの項目に関する次の記述 a ～ f との組合せとして最も適当なものを一つ選べ。

ア オゾン層の破壊　**イ** 森林の減少　**ウ** 水質汚濁

a．化石燃料の燃焼による生成物が主な原因となっている。

b．生態系で循環する素材への転換や，リサイクルを図る必要がある。

c．海水面の上昇や干ばつが起こる可能性がある。

d．焼き畑や過度の放牧が原因となって，砂漠化が起こることがある。

e．富栄養化や，有害物質の生物濃縮が起こる可能性がある。

f．紫外線の増加により，皮膚がんの発生率が高まることが予測される。

	ア	イ	ウ		ア	イ	ウ
①	c	b	e	②	c	b	a
③	c	d	b	④	c	d	b
⑤	f	b	e	⑥	f	b	a
⑦	f	d	b	⑧	f	d	e

問題45

下図は，在来魚であるコイ・フナ類，モツゴ類，およびタナゴ類が生息するある沼に，肉食性（動物食性）の外来魚であるオオクチバスが移入される前と，その後の魚類の生物量（現存量）の変化を調査した結果である。この結果に関する記述として適当なものを二つ選べ。

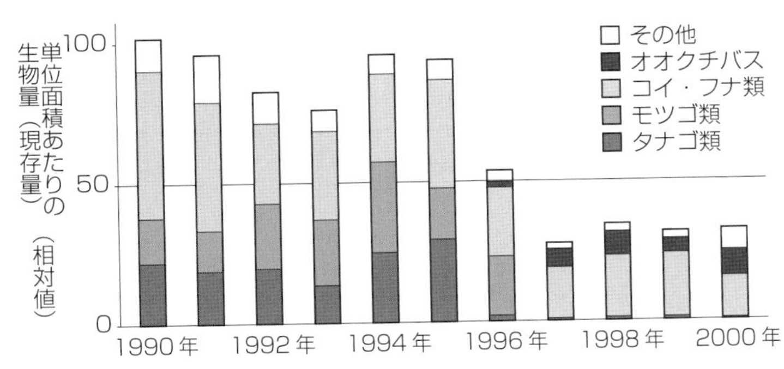

① オオクチバスの移入後，魚類全体の生物量（現存量）は，2000年には移入前の3分の2にまで減少した。

② オオクチバスの移入後の生物量（現存量）の変化は，在来魚の種類によって異なった。

③ オオクチバスは，移入後に一次消費者になった。

第3章 生物の多様性と生態系

④ オオクチバスの移入後に，魚類全体の生物量（現存量）が減少したが，在来魚の多様性は増加した。

⑤ オオクチバスの生物量（現存量）は，在来魚の生物量（現存量）の減少が全て捕食によるとしても，その減少量ほどには増えなかった。

⑥ オオクチバスの移入後，沼の生態系の栄養段階の数は減少した。

解答・解説

問題43

正解　問1 ③　問2 ①　問3 ②

解説

問1　用語の確認問題ですね。固有種**はその地域にのみ生息している種**です。絶滅生物**はすでに絶滅してしまった生物**です。ニホンオオカミなどがその例ですね。

問2　**メタン，フロンのほかに，実は水蒸気なども温室効果ガス**です。**問2**では地球温暖化の原因ですから，温室効果ガスの増加を意味している選択肢を探しましょう。

問3　プランクトンからイワシへの濃度上昇は約1.4倍です。イワシからイルカへは約54倍ですので「一定の割合」ではありません。

問題44

正解　⑧

解説

ア オゾン層は紫外線を吸収して，地球上の生命をまもっています。**イ** 森林の木がなくなると土地の保水力が減少して砂漠化します。**ウ** 海や湖に栄養塩類が流れこむと富栄養化が起こります。

問題45

正解 ②，⑤

解説

グラフより，オオクチバスは1996年から発見され始めていますので，その前後での生物量を比べながら選択肢を吟味しましょう。

1995年の魚類全体の生物量は95くらいですね。2000年では30くらいになっており，移入前の**約３分の１にまで減少しています**ので，①は誤りです。

オオクチバスの移入により在来魚全体の生物量は大きく減少していますが，その中でも**モツゴ類とタナゴ類の減少が著しい**ですね。よって，減少の程度は在来魚の種類によって異なるので，②は正しいですね。さらに，**モツゴ類とタナゴ類がほとんどいなくなっていることから，在来魚の多様性は小さくなっている**と考えられるので，④は誤りだよ！

オオクチバスが唐突にベジタリアン（？）になることはありませんので，③はもちろん誤りです。

⑤もグラフから考察しよう！　在来魚の生物量の減少は約70ですが，オオクチバスの生物量がそのまま約70増えているわけではありませんので，⑤は矛盾のない記述です。

最後に，⑥については，このグラフからは判断することができない内容です。

思考力と判断力を要する実験問題対策③

アフリカのセレンゲティ国立公園には，草原と小規模な森林，そして，ウシ科のヌーを中心とする動物群から構成される生態系がある。この国立公園の周辺では，18 世紀から畜産業が始まり，同時に牛疫(ぎゅうえき)という致死率の高い病気が持ち込まれた。牛疫は牛疫ウイルスが原因であり，高密度でウシが飼育されている環境では感染が続くため，ウイルスが継続的に存在する。そのため，家畜ウシだけでなく，国立公園のヌーにも感染し，大量死が頻発していた。1950 年代に，一度の接種で，生涯，牛疫に対して抵抗性がつく効果的なワクチンが開発された。そのワクチンを，1950 年代後半に，国立公園の周辺の家畜ウシに集中的に接種することによって，家畜ウシだけでなく，ヌーにも牛疫が蔓延(まんえん)することはなくなり，牛疫はこの地域から(a) 根絶された。そのため，図 1 のように，(b) ヌーの個体数は 1960 年以降急増した。図 1 には，牛疫に対する抵抗性をもつヌーの割合も示している。

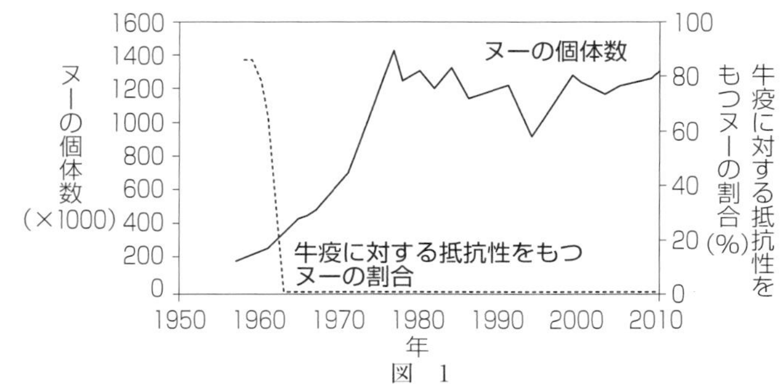

図 1

問 1 下線部(a)に関連して，ワクチンの世界的な普及によって，2001 年以降，牛疫の発生は確認されておらず，2011 年には国際機関によって根絶が宣言された。牛疫を根絶した仕組みとして最も適当なものを一つ選べ。

① 全てのウシ科動物が牛疫に対する抵抗性をもつようになった。

② ワクチンの接種によって牛疫に対する抵抗性をもつ家畜ウシが増えたため，ウイルスの継続的な感染や増殖ができなくなった。

③ ワクチンの接種によって，牛疫に対する抵抗性がウシ科動物の子孫にも引き継がれるようになった。

④ 接種したワクチンが，ウイルスを無毒化した。

問2 下線部(b)に関連して，図１のようにヌーの個体数が増加したため，餌となる草本の現存量は減少し，乾季に発生する野火が広がりにくくなった。また，野火は樹木を焼失させるため，森林面積にも影響していることが分かっている。牛疫は根絶が宣言されているが，もし何らかの理由で，牛疫がセレンゲティ国立公園において再び蔓延した場合，どのような状況になると予想されるか。次の記述 **a** ～ **d** のうち，合理的な推論を過不足なく含むものを一つ選べ。

a ヌーの個体数は減少しない。
b 草本の現存量は減少する。
c 野火の延焼面積は増加する。
d 森林面積は減少する

① a　② b　③ c　④ d
⑤ b，c　⑥ c，d　⑦ b，d　⑧ b，c，d

解答・解説

正解 問１ ②　問２ ⑥

解説

問１ 「ウイルスをワクチンによって根絶した！」という話題ですね。図１のグラフを見ながら解いていきましょう。

グラフより，1960 年代の半ば以降は抵抗性をもつヌーがいなくなっていますので，①の記述は矛盾しています。**1950 年代後半にドンドンとワクチン接種をしており，1960 年頃には抵抗性をもつヌーが多くなっています**。その結果，牛疫ウイルスの感染が広がりにくくなって根絶できたとする記述は合理性があります。よって，②は良さそうですね～。

最近，テレビなどでもよく耳にする『集団免疫』っていうやつですね!!

そういうことだね。念のために③と④もチェックしよう。ワクチン接種によって免疫記憶が成立している親から生じた子は，最初から免疫記憶をもった状態になっているという内容の記述だね。つまり，③は「お母さんがインフルエンザに感染したから僕は大丈夫！」みたいな発想の記述で，さすがに無理があります。

ワクチンは弱毒化または死滅した病原体やその断片ですので，ワクチンによってウイルスをやっつけるということはありません。よって，④も誤りです。

読解によって消去する選択肢もあれば，知識によって消去する選択肢もあるんですね！

問2 **牛疫が蔓延した場合，ヌーの個体数は減少します**よね。よって，**a**の記述が誤りであることは明らかだと思います。

ここから先は，設問文中の情報を丁寧に抽出して，言い換えていきましょう！

「ヌーの個体数が増加したため，餌となる草本の現存量は減少し，乾季に発生する野火が広がりにくくなった」とあるね。この記述を裏返すと，牛疫の蔓延で**ヌーの個体数が減少したら，草本の現存量は増加し，野火の延焼面積が増加する**ことになります。よって，**b**の記述が誤り，**c**の記述が正しいですね。

さらに**「野火は樹木を焼失させる」**とあるよね。**c**の記述にあるように，**ヌーの個体数が減少すると野火の延焼面積が増加しますので，多くの樹木が焼失してしまい，森林面積が減少する**と予想されます。よって，**d**は正しい記述です！

思考力を高めるための問題演習法

思考力を高めるためには，「よく考えよう！」「多くの問題を解いて慣れよう！」「思考力を高めるぞ～！」という考え方を捨てることが第一歩だと思います。とにかく，**正解に到達するまでの具体的なプロセスや作業を意識して演習することが大事**です。

例えば**「バソプレシンは水の再吸収を促進する」**という表現を言い換えると，**「バソプレシンは尿量を減少させる」**とか**「バソプレシンは体液の塩類濃度を低下させる」**ということですね。これはシッカリ考えたというより，言い換えをしたことで理解できるんです。『言い換え』という作業を意識することが大事です。

さらに**「X がなくなると血糖濃度が上昇する」**という表現を裏返すと**「X があれば血糖濃度が低下する」**ということですので，X には血糖濃度を下げるはたらきがあるとわかります。これについてもシッカリ考えたというより，『裏返す』という作業をしたんですね。

「A が B を抑制し，B が C を抑制する」という情報が与えられたら…

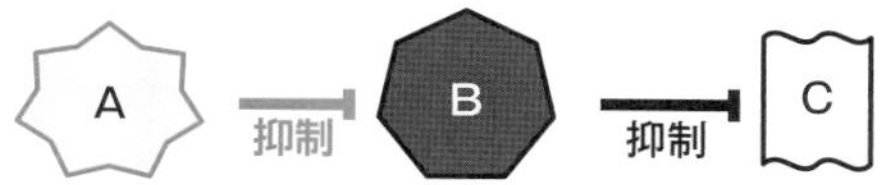

こんなふうに『図にまとめてみる』とスッキリします！

このように，**どんな時にどんな作業をするとスムーズに理解できるかを意識しながら学習しましょう**。本書の問題解説をそんな視点でもう一度読み直してもらえると，とっても良い勉強になると思いますよ。

サクッと復習!! スピードチェック

＊「赤色チェックシート」で答えを隠しながら挑戦しよう。

第１章の知識の確認

下記の記述の正誤を判定しなさい。

問１ 細胞の構造

① アントシアニン（アントシアンの一種）は，ミトコンドリアに含まれる。

❗ 液胞です！

正 誤　×

→ p.013

② ミトコンドリア内で起こる反応では，水（H_2O）がつくられる。

❗ 呼吸では，有機物と酸素が使われ，二酸化炭素と水が生じます。

正 誤　○

→ p.021

③ ミトコンドリアは，宿主となる細胞にシアノバクテリアがとりこまれて共生することで形成されたと考えられている。

❗ 正しくは「呼吸を行う細菌」です。

正 誤　×

→ p.021

問２ さまざまな生物

① ネンジュモや大腸菌は原核生物，オオカナダモや酵母は真核生物である。

❗ シアノバクテリアです！　❗ 被子植物です！

正 誤　○

→ p.012

② ネンジュモは光合成を行うが，葉緑体をもたない。

❗ 原核生物だから，葉緑体はもっていません。

正 誤　○

→ p.012

③ ヒトの細胞の中には，核のない細胞がある。

❗ 哺乳類の赤血球には核がありません。

正 誤　○

→ p.055

問3 代　謝

① ATPには高エネルギーリン酸結合が3つ存在している。

❗ 高エネルギーリン酸結合はリン酸の間の結合なので，2つです。

解答　正 誤　✕

→ p.019

② ATPを分解して生じたADPは，エネルギーを吸収してリン酸と結合することでATPにもどることができる。

❗ ATPは分解と再合成をくりかえして，何回も何回も使われます。

正 誤　○

→ p.019

③ 光合成は同化の一種で，その過程でATPが合成される。

❗ 合成されたATPを使って有機物を合成します。

正 誤　○

→ p.020

問4 DNA

① DNAのヌクレオチドには，リン酸，デオキシリボースという塩基，4種類の糖が含まれている。

❗ 糖と塩基が逆ですね。

正 誤　✕

→ p.024

② 生物のDNAについて，AとT，GとCが同量含まれていることがウィルキンスらの研究によって示された。

❗ これを示した学者はシャルガフです。

正 誤　✕

→ p.025

③ DNAはS期に複製されるので，G_2期の核あたりのDNA量はG_1期の核あたりのDNA量の2倍となる。

❗ DNA量変化のグラフをイメージできますか？

正 誤　○

→ p.030

問５ 遺伝情報の発現

① 生物は種ごとにゲノムの大きさが異なるが，遺伝子の数は同じである。

❗ 遺伝子の数も生物によって違います。

解答　正 誤　×
→ p.028

② タンパク質は多数のアミノ酸が鎖状につながった物質である。

❗ 重要知識です！

正 誤　○
→ p.040

③ mRNA（伝令 RNA）の連続した塩基３個の配列が１つのアミノ酸を指定している。

❗ この数の関係は大事です！

正 誤　○
→ p.043

第２章の知識の確認

下記の記述の正誤を判定せよ。

問６ 体液循環

① 酸素の大部分は血しょう中のフィブリンによって運搬される。

❗ 赤血球中のヘモグロビンですね。

正 誤　×
→ p.058

② 肝臓から肝門脈を通って，小腸などの消化管に血液が流入する。

❗ 肝門脈は小腸などの消化管を通った血液を肝臓に送る血管です！

正 誤　×
→ p.062

③ 腎静脈を流れる血液中の尿素濃度は，腎動脈を流れる血液中の尿素濃度よりも高い。

❗ 腎静脈は腎臓から出る血管！　腎臓で尿素を排出したから，腎静脈の尿素濃度は低くなりますよね。

正 誤　×
→ p.065

問7 肝臓と腎臓

解答

① 肝臓は，有害な尿素を毒性の低いアンモニアに変えるはたらきをする。

! 尿素とアンモニアが逆ですよ！！

正 誤 ×

→ p.063

② 糸球体とボーマンのうを合わせて腎単位（ネフロン）といい，1つの腎臓に腎単位は約100万個存在している。

! 糸球体，ボーマンのう，細尿管の3つを合わせて腎単位といいます！

正 誤 ×

→ p.064

③ 健康なヒトの場合，グルコースは原尿に含まれているが，すべて毛細血管に再吸収されるので，尿中には排出されない。

! 健康なヒトの場合，ろ過されたグルコースはすべて再吸収されます。

正 誤 ○

→ p.065

問8 自律神経

① 交感神経によって，気管の拡張，消化管の運動促進，心臓の拍動促進，瞳孔の拡大などが起こる。

! 消化管の運動は抑制します！

正 誤 ×

→ p.070

② 自律神経によって分泌が促進されるホルモンがある。

! アドレナリン，グルカゴン，インスリンが該当しますね。

正 誤 ○

→ p.074

③ 交感神経によって立毛筋が収縮し，皮膚の血管が収縮することで体温を低下させることができる。

! これらの現象により熱放散が抑制されるので，体温は上昇します。

正 誤 ×

→ p.076

問9 恒常性

① 十二指腸からはすい液の分泌を促進するパラトルモンが分泌される。

❗ 正しくは，セクレチンです！

正誤 ×
→ p.079

② ホルモンは標的細胞の受容体に結合することによって，標的細胞のはたらきを変化させる。

❗ ホルモンは全身に運ばれますが，特定の細胞にのみ作用できます。

正誤 ○
→ p.072

③ マウスにチロキシンを大量に投与すると，甲状腺刺激ホルモンの分泌量が減少する。

❗ 負のフィードバック調節についての正しい記述ですね。

正誤 ○
→ p.073

④ 血糖濃度が上昇すると，交感神経によって副腎髄質からのアドレナリンの分泌が促進される。

❗ 血糖濃度が低下したときの記述ですね。

正誤 ×
→ p.075

⑤ バソプレシンは神経分泌細胞によって分泌されるホルモンであり，集合管での水の再吸収を促進する。

❗ バソプレシンについての重要項目…すべて正しい記述です。

正誤 ○
→ p.073
→ p.081

⑥ 寒いときには，交感神経によって副腎髄質が刺激されて，糖質コルチコイドが分泌され，発熱量が増加する。

❗ 副腎髄質からはアドレナリンが分泌されます。

正誤 ×
→ p.076

問10 免　疫

① 汗や涙に含まれているリゾチームにより細菌の細胞壁を破壊するのは，体液性免疫の一つである。

❗ 化学的防御の一種ですね。

正誤 ×
→ p.083

② 樹状細胞，マクロファージ，好中球は食作用によって異物をとりこんで分解することができる。

❗ これらの細胞は食作用をすることのできる白血球です。

正誤 ○
→ p.084

③ 予防接種によって，特定の病原体による病気の発症を予防できる。

❗ 予防接種はワクチン（弱毒化した抗原やその産物）を接種しますね。

正誤 ○
→ p.087

第３章の知識の確認

下記の記述の正誤を判定せよ。

問11 植生とその遷移

① 陽生植物は陰生植物よりも光補償点が高く，呼吸速度は小さい。

❗ 陽生植物は陰生植物よりも呼吸速度が大きいですね。

正誤 ×
→ p.096

② 極相林であっても，大きなギャップが生じると陽樹が生育できるようになることがある。

❗ 大きいギャップが生じると，林床まで光が届きます。

正誤 ○
→ p.099

③ 極相林の低木層には，主に陽樹の幼木が生育している。

❗ 陰樹です！

正誤 ×
→ p.099

問 12 さまざまなバイオーム

① 硬葉樹林の代表樹種はオリーブなどであり，地中海沿岸地方などに成立するバイオームである。

❗ 厚いクチクラ層をもちますね。

解答

正 誤 ○

→ p.103

② 日本の本州中部の標高 1000m 付近には，シラビソやコメツガなどからなる針葉樹林が成立している。

❗ 山地帯ですから，夏緑樹林が成立します！

正 誤 ×

→ p.104

③ 熱帯多雨林の土壌中に蓄積している有機物量は，夏緑樹林の土壌中に蓄積している有機物量よりも多い。

❗ 高温の地域は分解者による分解が活発で，土壌中の有機物は少なくなります。

正 誤 ×

→ p.109

問 13 生態系

① 生物が非生物的環境から受ける影響を作用という。

❗ 逆の影響は環境形成作用！

正 誤 ○

→ p.110

② 根粒菌はイネ科植物の根に共生すると，窒素固定を行う細菌である。

❗ マメ科植物ですね！

正 誤 ×

→ p.113

③ 土壌中の硝酸イオンは硝化菌のはたらきによってアンモニウムイオンに変換される。

❗ 硝酸イオンとアンモニウムイオンが逆です！

正 誤 ×

→ p.117

問 14 環境問題

解答

① 二酸化炭素やメタンは温室効果ガスであり，地球の気温の上昇の原因と考えられている。

正誤 ○

→ p.118

! 地球温暖化の原因と考えられていますね。

② 栄養塩類が内海に大量に流入すると，植物プランクトンが大増殖して赤潮が発生することがある。

正誤 ○

→ p.119

! 富栄養化の結果として起こる現象ですね。

③ 人間によってもちこまれたオオクチバス（ブラックバス）が，湖沼に棲む在来の小型魚を捕食し，激減させることがある。

正誤 ○

→ p.120

! 琵琶湖などで問題になっていますね。

④ 人間が草刈りや，落ち葉かき，伐採などによって維持している里山の雑木林では，陰樹が優占している。

正誤 ×

→ p.121

! コナラ，クヌギなどの陽樹が優占しています。

⑤ 日本の絶滅危惧種として，イリオモテヤマネコ，ヤンバルクイナ，マングースなどがある。

正誤 ×

→ p.121

! マングースは外来生物として問題になっています。

索引 INDEX

さ

し

す

せ

そ

た

も

ゆ

よ

ら

り

れ

ろ

わ

伊藤 和修（いとう ひとむ）
駿台予備学校生物科専任講師。
京都大学農学部卒（専門は植物遺伝学）。派手な服装を身にまとい、ノリノリで行われる授業では、“「わかりやすさ」と「おもしろさ」の両立”をモットーに、体系的な板書と丁寧な説明に加え、小道具（ときに大道具）を用いて視覚的なインパクトも追求。
著書に、『大学入学共通テスト　生物基礎の点数が面白いほどとれる本』『大学入学共通テスト　生物の点数が面白いほどとれる本』、共著書に、『改訂版　日本一詳しい　大学入試完全網羅　生物基礎・生物のすべて』（以上、KADOKAWA）、『大学入学共通テスト　生物基礎　実戦対策問題集』（旺文社）、『体系生物』（教学社）など多数。

直前30日で9割とれる
伊藤和修の　共通テスト生物基礎

2021年10月8日　初版発行

著者／伊藤 和修

発行者／青柳 昌行

発行／株式会社KADOKAWA
〒102-8177　東京都千代田区富士見2-13-3
電話　0570-002-301（ナビダイヤル）

印刷所／株式会社加藤文明社印刷所

●お問い合わせ
https://www.kadokawa.co.jp/（「お問い合わせ」へお進みください）
※内容によっては、お答えできない場合があります。
※サポートは日本国内のみとさせていただきます。
※Japanese text only

定価はカバーに表示してあります。

ISBN 978-4-04-604252-1　C7045